量子論で宇宙がわかる

マーカス・チャウン
Marcus Chown

a pilot of wisdom

パトリックへ。私が落ち込んでいたり、すべての人が私に反対しているように思えるときは、こう言って慰めてくれる。

「それはきみがとてつもない異端児だからさ、マーカス！」

はじめに

次のなかで正しいのはどれか。

- あなたがひと呼吸するたびに、マリリン・モンローが吐いた原子が一個含まれる。
- 坂道を駆けあがる液体が存在する。
- ビルの最上階にいるほうが最下階にいるよりも年をとるのが速い。
- 一個の原子は多数の場所に同時に存在できるが、これをあなたで言えば、ニューヨークとロンドンに同時にいるのと同じである。
- 全人類は角砂糖一個の体積に納まるだろう。
- テレビ放送にチャンネルを合わせるときの雑音の一パーセントは、ビッグバンの名残《なごり》である。
- タイムトラベルは物理法則によって禁じられていない。
- 一杯のコーヒーは熱いときのほうが冷たいときよりも重い。

●速く移動すればするほど、あなたはほっそりする。

いや、これは冗談だ。だってすべてが正しいからさ！

サイエンスライターとして私は、科学がＳＦよりもはるかに奇妙で、宇宙が私たちの発明しうるどんなものよりもはるかに信じがたいものであることに、たえず驚かされつづけている。にもかかわらず、過去一世紀になされたすばらしい大発見のなかで、大衆の意識のなかに知れわたっているものはほとんどない。

過去一〇〇年間における二つの偉大な業績は「量子論」、つまり、原子とその構造についての理論と、アインシュタインの「一般相対性理論」、つまり、空間、時間および重力についての理論である。この二つの理論が、世界と私たちについてほとんどすべてを説明した。実際、量子論は本当に現代世界を創造したとさえ言える。なぜ私たちの足元の地面は固いのか、なぜ太陽は輝くのかを説明しただけではなく、コンピュータとレーザーと原子炉を作ることまでも可能にしたからだ。相対性理論は、日常の世界ではそれほど目につかないかもしれない。にもかかわらず、相対性理論はなにものも——光でさえも——脱出できないブラックホールと呼ばれるものや、宇宙はビッグバンと呼ばれる巨大な爆発のなかで生まれ、それ以前には存在していなかったこと、そして、驚くなかれ、タイムマシンさえ可能かもしれないことを私たちに教えてくれているのだ。
私はこれらの話題について夥《おびただ》しい数の一般向けの解説書を読んだが、科学の基礎知識をもっていても、それらの説明にはしばしば考え込まされた。それらが科学者でない人たちの目にどう映るかは、推して知るべしだ。

アインシュタインはこう言っている。「科学の基本的な考えかたのほとんどは、本質的には単純であり、原則として、だれにでも理解できる言葉で言い表されるものだ」私のこれまでの経験もそれが正しいことを教えている。この本を書くに当たって私は、ふつうの人たちが二一世紀物理学の主要な考えかたを理解する手助けになることを目指した。私のしたことは量子論と相対性理論の背後にある主要な考えかた——これらは見かけによらず単純であることが判明する——を確認し、その他のあらゆることが、そこから論理的かつ必然的に導かれるのを示しただけだった。

言うは易し、おこなうは難しである。量子論はとりわけ過去八〇年以上のあいだに自然に増加した断片のパッチワークで、だれも継ぎ目《シーム》のない衣類に縫いあげたものはいないようである。それればかりでなく、理論のもっとも重要な部分、たとえば、人間はできないのに、なぜ原子は二つの場所に同時に存在できるのかを説明する「デコヒーレンス」を、納得できるように説明することは物理学者の力を超えているらしいのだ。大勢の「専門家」と手紙のやり取りをしたあげく、そしてデコヒーレンスは「インコヒーレンス」と名称を変えたほうがいいのではと考えはじめたとき、専門家自身も完全には理解していないのかもしれないというアイデアが閃《ひらめ》いた。これですっかり気が楽になった。首尾一貫した全体像が存在していなかったようなので、さまざまな人たちの意見を集めて、私自身でそれを作らねばならないことを理解したのである。それゆえ、ここに見られる説明の多くは、よそのどこにも見つからないだろう。それらの解説が現代科学の主要な考えかたに垂れ込めている霧の一部を払い、私たちの宇宙が息を呑《の》むほど驚きに満ちていることを理解しはじめるきっかけになることを願っている。

目次

第一部　小さなものの世界

1　アインシュタインの呼吸

私の鼻先の細胞にある水素原子は、かつては象の胴体の一部だった。
ヨースタイン・ゴルデル

われわれは武器を使用するつもりはなかった。しかし、相手は恐ろしいほど厄介な種族だった。われわれがどんなに平和を請けあっても、彼らはわれわれを「敵」と見なそうとした。彼らの青い惑星の頭上高く旋回しているわれわれの船を目がけて、彼らが核兵器のありったけを発射したとき、われわれの堪忍袋の緒も切れた。

われわれの兵器は単純だが効果的だった。それは物質からなにもない空間をそっくり搾りだしたのだ。

シリウス遠征軍の指揮官は、直径一センチメートルほどの微《かす》かに光る金属の立方体を調べたとき、絶望して首を振った。信じがたいことだが、「人類」が残したものは、それがすべてだったのだ!

もし全人類が角砂糖一個の体積に納まるというアイデアがSFじみて聞こえたとしたら、もう一度考えてみよう。通常の物質の体積の九九・九九九九九九九九九九九九九パーセントがなにもない空間であるのは、まぎれもない事実である。私たちの身体《からだ》の原子からなにもない空間を全部なんらかの方法で搾りだせば、人類はたしかに角砂糖一個の体積に納まるだろう。

ぞっとするような原子のなにもなさは、物質を組み立てているブロックのめざましい特徴のひとつにすぎない。もうひとつは、もちろんその大きさである。このページのたったひとつのピリオドの幅を埋めるのに、端と端をつないだ原子を一〇〇〇万個並べる必要があるだろう。そこで疑問が生じる。万物が原子からできていることを、最初にどうやって発見したのだろうか?

万物が原子でできているという考えかたを実際に初めて提起したのは、ギリシアの哲学者デモクリトスで、紀元前四四〇年ごろのことだ。[*1] 岩石をひとつ——枝か土器だったかもしれない——拾いあげて、彼は自分自身に問いかけた。「これを半分に割り、再び半分にして、永久に半分にしつづけることができるだろうか?」彼の答は断固としてノーだった。物体を永久に分割しつづけることは、彼にはとうてい考えられなかった。遅かれ早かれ、もはやそれ以上小さく割れない微小な粒に出会うだろうと彼は推論した。「分割できないもの」を意味するギリシア語は「アートモス」だったので、デモクリトスはすべての物質を組み立てるこの仮説上の組み立てブロックを「アトム」と呼んだ。

アトムは小さすぎて目には見えないので、証拠を見つけるのはつねに難しかった。にもかかわらず、一八世紀にはスイスの数学者ダニエル・ベルヌーイがある方法を考えついた。原子は直接観察することはできないが、間接的になら観察できるかもしれないとベルヌーイは思いついた。とりわけ、もし多数の原子がいっしょに活動するなら、日常世界でも見てとれるほど充分大きな効果が生じるかもしれないと考えた。必要なのは、これが起こる場所を自然のなかに見出すことだけだった。そのような場所をベルヌーイはひとつ見つけた——それは「気体」のなかだった。

ベルヌーイは空気や蒸気のような「気体」を何千兆、何千京《けい》個という原子の集まりと想像した。それは怒り狂ったハチの大群のように、果てしなく続く激しい運動をおこなっていると考えられた。この生き生きとしたイメージによって、ただちに気体の「圧力」に対するひとつの説明がもたらされた。それは気球を膨らませたり、蒸気機関のピストンを押しあげたりするものだ。容器に閉じ込められたとき、気体の原子はトタン屋根に降る霰《あられ》のようにたえまなく壁を打つ。それらの効果が結びついて緊迫した力が生みだされ、私たちのがさつな荒っぽい感覚には、一定の力が壁を押し戻しているように感じられるのだ。

　ただし、ベルヌーイの圧力に対するミクロな説明は、気体のなかで進行していることについて都合のいい想像上のイメージ以上のものを提供している。決定的なのは、その説明により、特定の予測がおこなわれていることである。もし気体が最初の体積の半分に圧縮されたならば、気体の原子は容器の壁と衝突するあいだに飛ぶ距離が半分だけになるだろう。したがって、気体の原子はこれらの壁のあいだを二倍の頻度でぶつかり、圧力を二倍にするだろう。もし気体が最初の体積の三分の一に圧縮されれば、その原子は壁のあいだを三倍も頻繁《ひんぱん》にぶつかり、圧力は三倍になるだろう。以下同様だ。

　まさしく原子のこのふるまいが、一六六〇年にイギリスの科学者ロバート・ボイルによってすでに観測されていた。そのためベルヌーイの気体のイメージは立証された。そして、ベルヌーイのイメージは小さな粒状の原子がなにもない空間を縦横に飛びまわっているものだったので、原子の存在に対する彼の主張は裏付けられた。しかし、この成功にもかかわらず、原子の存在に関する決定的な証拠は二〇世紀初頭まで現れなかった。それは「ブラウン運動」と呼ばれる理解しがたい現象のなかに埋もれていた。

　ブラウン運動は、一八〇一年のフリンダーズ（イギリスの海洋探険家）の探険隊のオーストラリア大陸周航に付き添った植物学者ロバート・ブラウンにちなんで名付けられた。彼は探険のあいだに四〇〇〇種のオーストラリア産の植物を分類した。そして、その過程で、生きている細胞の「核」を発見した。しかし、彼がもっともよく知られているのは、一八二七年におこなわれた水に浮かべた花粉の粒子についての観察である。拡大レンズを通して眺めていたブラウンには、それらの粒子が奇妙なじたばた運動をしており、酔っぱらいが酒場《パブ》から家までジグザグによろめきながら帰っていくように見えた。

ブラウンには、この気まぐれな花粉の粒子の謎は解けずじまいだった。その解明にはアルベルト・アインシュタインの登場を待たねばならなかった。当時、彼は二六歳で、科学史における創造性の最盛期にあった。一九〇五年という彼にとっての「奇跡の年」に、アインシュタインは運動に関するニュートン的な考えかたに取って代わる「特殊相対性理論」を提唱しただけでなく、とうとうそれとともにブラウン運動という八〇年来の謎を見破ったのだった。

アインシュタインによれば、花粉の粒子の風変わりなダンスの原因は、それらが小さな水の分子によってたえまなくマシンガンの銃撃を受けつづけていることにある。人の背丈よりも大きい、巨大に膨らませたゴムボールが、大勢の人々によって運動場をあちらこちらへ押し動かされているのを想像してみよう。もし一人ひとりが他の人のことを気にせずに勝手な方向へ押すとすれば、どの瞬間にも、一方がもう一方の側よりもわずかに押す人が多くなるだろう。このアンバランスこそ、ゴムボールが運動場を不規則に動きまわる原因なのだ。同じように、花粉の粒子の不規則な運動は、一方がもう一方の側よりもわずかにぶつかる水分子が多いことが原因である。

アインシュタインは、ブラウン運動を説明するために数学的理論を考案した。その理論は、平均的な花粉の粒子が周りのすべての水分子からたえまない乱打を浴びて、どのくらい遠くまで、どのくらい速く動くかを予測した。すべては水分子の大きさに掛かっていた。というのは、それらが大きければ大きいほど、花粉の粒子に加わる力のアンバランスは大きくなるだろうし、その結果生じるブラウン運動はよりいっそう誇張されるからである。

フランスの物理化学者ジャン＝バティスト・ペランはカンボジア産の樹から採った黄色のゴム質の樹脂である「ガンボージ」の粒子を水に浮かべ、その観察をアインシュタインの理論に基づく予測と比較した。彼は水分子の大きさを推定することができたし、ひいては水を作っている原子の大きさも求めることができた。原子の直径は約一メートルの一〇〇億分の一しかないというのが彼の結論であった——こんなに小さいので、ピリオドの幅を埋めるのに原子を端から端までぎっしり並べて一〇〇〇万個必要なのである。

原子はたいへん小さいので、実際に、一回の呼気に含まれる何億、何兆という原子を地球の大気中に隅々まで均等にばらまいたとしたら、どのひと呼吸分の体積の大気中にもそれらの原子が数個は含まれるだろう。言い換えると、あなたが呼吸するたびに、アルベルト・アインシユタイン――あるいはジュリアス・シーザー、あるいはマリリン・モンロー、あるいは地球上を歩いた最後のティラノサウルス・レックス――が呼吸した原子を少なくとも一個は吸っているのだ！

そればかりではない。地球の「生物圏」の原子は、たえずリサイクルされている。生物が死ぬと、それは崩壊し、それを構成している原子は大地と大気に返されて植物に取り込まれ、その後、動物や人間に食べられる。「私の心筋の一個の炭素原子は、かつては恐竜の尾だった」とノルウェーの作家ヨースタイン・ゴルデルは『ソフィーの世界』で書いている。

ブラウン運動は、原子が存在することのもっとも有力な証拠だった。顕微鏡を覗《のぞ》き込んでいた人が見たのは、たえまない爆撃の下で花粉の粒子が風変わりなダンスをしているのを見たものは、だれでも世界が究極的には小さな弾丸に似た粒子で作られていることを疑いえないだろう。しかし、じたばた踊る花粉の粒子――原子の作用だ――を観察することは、実際に原子を見ることと同じではなかった。実際に見ることは、一九八〇年に「走査トンネル顕微鏡（ＳＴＭ）」という名のすばらしい装置が発明されるまで待たねばならなかった。

この装置の背景にある考えかたは、きわめて単純だ。盲目の人は相手の顔を指で撫《な》でて、イメージを心のなかで作りあげることで、その顔を「見る」ことができる。ＳＴＭも非常によく似た方法で作動する。その違いは「指」が金属製の指であるということだ――旧式の蓄音機の針を思い起こさせる小さな鉄筆のようなものだ。この針を、調べようとするものの表面上でくまなく動かし、コンピュータにその凸凹に沿った上下運動を伝えると、原子のもつ地勢の起伏について詳しい画像を作ることが可能なのである。[*2]

　もちろん、少しばかり、それ以外のこともある。発明の原理は単純だが、そこには、実現するための現実的な難問が加わる。たとえば、針は原子を「感知」できるほど精密にしなければならない。ノーベル賞委員会はたしかに問題の難しさを認識していたようだ。一九八六年、ノーベル物理学賞はＳＴＭを陰で支えたＩＢＭの研究陣、ゲルト・ビーニッヒとハインリッヒ・ローラーに授けられたのだった。

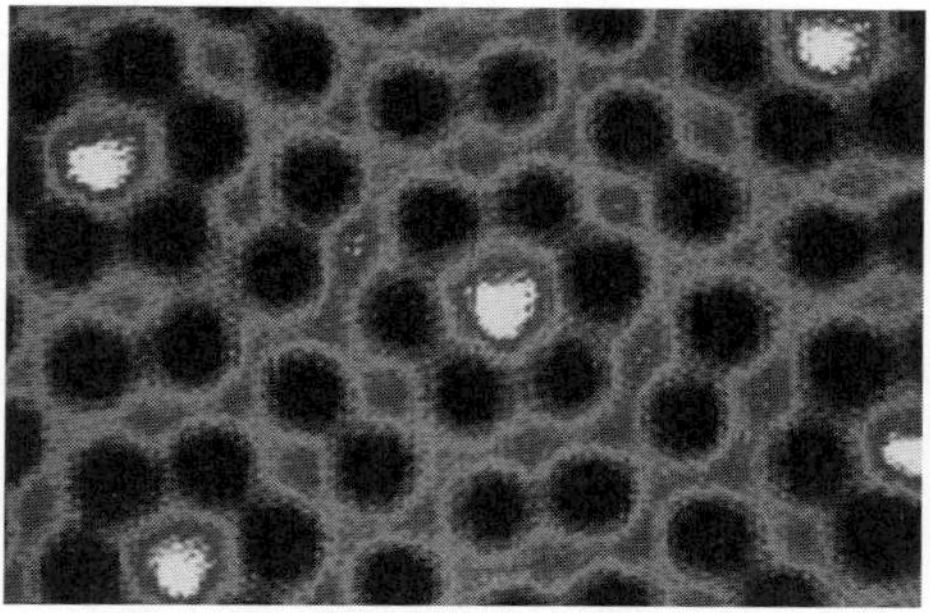
走査トンネル顕微鏡（ＳＴＭ）によるシリコンの原子
〔ＩＢＭ提供〕

　ビーニッヒとローラーは、歴史上、初めて原子を実際に「見た」人たちだった。彼らのＳＴＭ映像は、月面の灰色の荒地に昇る地球や、曲線を描いて伸びるＤＮＡの螺旋《らせん》階段と並んで、科学の歴史のなかでもっとも目覚ましいものに数えられる。ＳＴＭ映像の原子は、ちっぽけなサッカーボールみたいだ。それらは一列ごとにきちんと並べられた箱詰めのオレンジのように見えた。しかし、原子はなによりもデモクリトスが二四〇〇年前に心の目ではっきり見た小さくて固い物質の粒のようだった。実験的な確証が得られるよりもはるか昔に、それを予測したのは、彼の他にはいなかった。

しかし、ＳＴＭでは原子の一面しか見られなかった。デモクリトス自身も気づいていたように、原子はたえまなく運動している単なる小さな粒子よりもはるかに複雑だったのだ。

自然のレゴブロック

原子は自然のレゴブロック（組立式玩具）である。それらには多種多様な形と大きさがあり、任意の数の異なる組みあわせかたによって、薔薇《ばら》、金の棒、あるいは人間を作ることができる。すべてのものは組みあわせなのだ。

アメリカのノーベル賞受賞者リチャード・ファインマンは言った。「もし大洪水によってすべての科学的知識が破壊され、たったひとつの文《センテンス》だけを後の世代に残すとしたら、もっとも少ない語数でもっとも多くの情報を伝える表現は何だろうか？」彼はためらわなかった。「万物は原子でできている」

原子は自然のレゴブロックだということを証明するために不可欠なのは、原子のさまざまな種類を見定めることである。しかし、実際には、原子があまりにも小さすぎて感覚器官では直接知覚できないために、原子がたえまなく運動している物質の小さな粒子だということを証明するのと同じくらいに骨が折れる仕事だった。さまざまな種類の原子を見定める唯一の方法は、たった一種類の原子だけでできている物質を見つけることだった。

一七八九年、フランスの貴族アントワーヌ・ラヴォアジエは、どんな手段を用いてもそれ以上単純な物質に分けることができないと考えた物質の一覧表をまとめあげた。そこには三三個の「元素」が載せられていた。後になって、元素ではないと判明したものもいくつかあったが、多くのもの――なかには金、銀、鉄、水銀が含まれる――はたしかに元素だった。ラヴォアジエが一七九四年にギロチンで死んでから四〇年のあいだに、元素の一覧表は五〇近くまで膨れあがった。今日では、自然界に存在する元素は、もっとも軽い水素からもっとも重いウランまで、九二種類が知られている。

では、原子はたがいにどこが違うのか。たとえば、水素原子とウラン原子とはどんなふうに違うのか？　その答はそれらの内部構造を探ることによってしか得られないだろう。だが、原子は気が遠くなるほど小さい。その内部を覗き込む方法を見つけることなど、だれにもできないように思われた。だが、それをやってのけた人がいた――ニュージーランド人のアーネスト・ラザフォードである。彼の巧妙きわまりないアイデアとは、原子を利用して別の原子の内部を覗くことだった。

大聖堂のなかの蛾《が》

原子の構造を明らかにしたのは「放射能」だった。これは一八九六年にフランスの化学者アンリ・ベクレルが発見した現象であった。一九〇一年から一九〇三年にかけて、ラザフォードとイギリスの化学者フレデリック・ソディーは、放射性元素が余計なエネルギーを抱え込んで激しく動いている重い原子であるという有力な証拠を見つけた。一秒後か、あるいは一年後か、あるいは一〇〇万年後に、放射性元素がある種類の粒子を高速で放出することによって、この余分のエネルギーを発散するのは避けられない。物理学者はエネルギーを放出することによって少し軽い元素の原子になることを「分解」とか「崩壊」と呼ぶ。

そのように崩壊した粒子のひとつが「アルファ粒子」である。これはラザフォードとドイツの若い物理学者ハンス・ガイガーによって、ヘリウム原子であることが証明された。これは水素の次に軽い元素である。

一九〇三年、ラザフォードは放射性元素ラジウムから放出されるアルファ粒子の速さを測った。それは今日のジェット旅客機の一〇万倍も速い、毎秒二万五〇〇〇キロメートルという驚くような速さだった。このときラザフォードは閃いた――これは原子にぶつけて奥深くまで内部を探るにはうってつけの弾丸ではないか。

考えかたは単純だ。原子に向かってアルファ粒子を発射する。アルファ粒子が何か固い物にぶつかり、行く手を遮《さえぎ》られれば、それらの進路は逸《そ》らされるだろう。何千回、何万回とアルファ粒子を発射し、それらがどのように逸らされるかを観測することで、原子の内部の詳しいイメージを作ることが可能になるだろう。

ラザフォードの実験は、一九〇九年にガイガーとニュージーランドの若い物理学者アーネスト・マースデンによっておこなわれた。この「アルファ散乱」実験は少量のラジウムを試料として用いたが、極微小な花火のようにアルファ粒子がこの試料から発射されたのだった。試料は鉛のスクリーンの背後に置かれ、そこには細く切られたスリットが開いていて、アルファ粒子の糸のような細い流れがそこを通り抜けて反対側に出現する。それは世界最小のマシンガンであり、大量のミクロの弾丸を発射した。

ガイガーとマースデンは、射線上に厚さが数千個の原子でしかない金箔《きんぱく》を置いた。ミニチュアのマシンガンが打ちだしたアルファ粒子が、すべて金箔を通過したことにはたいした意味はない。しかし、通過するあいだに、アルファ粒子のいくつかが金の原子に充分近づいて、経路がわずかに逸れたことには大きな意味がある。

ガイガーとマースデンが実験をした当時には、原子の内部から出た粒子のひとつはすでに確認されていた。「電子」はイギリスの物理学者J・J・トムソンが一八九七年にすでに発見していた。この途方もなく小さな粒子――それぞれが水素原子より約二〇〇〇倍も小さい――は、とらえどころのない電気の粒子であることが判明していた。原子からはぎ取られて自由になった電子は、何十億個という仲間といっしょに銅線のなかを突進して「電流」を作りだす。

電子は最初の「原子を構成する」粒子だった。電子は負の電荷を携えている。電荷が何であるのかは、だれもはっきりとは知らないが、二種類あることだけは承知している。つまり、正の電荷と負の電荷だ。原子で構成されているふつうの物質は、正味の電荷をもっていない。だとすれば、通常の原子では、電子の負の電荷はつねに「他のなにものか」の正の電荷と完全にバランスを取っている。異なる符号の電荷は引っ張りあうが、同じ符号の電荷は斥《しりぞ》けあうのが電荷の特徴である。その結果、原子の負に帯電した電子と正に帯電したなにものかのあいだには引力がはたらく。その引力が事物全体をしっかりと結びつけるのだ。

電子が発見されてからまもなく、トムソンはこうした考えを取り入れて、原子について最初の科学的なイメージを作りあげた。彼は正の電荷が散乱しているボールに、「プラムプディングに入っている干しブドウのように」夥しい数の小さな電子が埋め込まれているものを心に描いた。これがアルファ散乱の実験でガイガーとマースデンが確認しようと期待していたトムソンの原子の「プラムプディング・モデル」だった。

だが、ふたりはがっかりさせられた。

プラムプディング・モデルを思いついたのは、じつに画期的な出来事だった。ミニチュアのマシンガンから発射されたアルファ粒子の八〇〇〇個に一個は、実際に金箔で跳ね返されたのである！

トムソンのプラムプディング・モデルによれば、原子は正電荷の球体のなかにちらばっているピンで刺したように埋め込まれた夥しい電子からできている。他方、ガイガーとマースデンがこの薄っぺらな装置目がけて発射したアルファ粒子は、原子を構成する粒子から成る止まることのできない急行列車だ。そのうえこの列車は、電子の八〇〇〇倍も重い。このような重い粒子が経路から大きく逸らされる確率は、実際の急行列車がブレーキの効かなくなったままごと用の乳母車によって脱線させられるのと同じ程度だろう。ラザフォードの言葉によればこうである。「ほとんど信じられないことだが、一枚のティッシュペーパー目がけて一五インチ砲を発射したところ、跳ね返って自分に当たったというわけだ！」

ガイガーとマースデンの思いがけない結果は、原子がどう考えても薄っぺらいものではないことを表していた。内部深くに埋め込まれたなにかが、原子を構成する粒子から成る急行列車を線路上で停止させ、まわれ右させたのだ。そのなにものかは原子のど真ん中に居すわっている正電荷の小さなかたまりであるにちがいないし、入ってくるアルファ粒子の正電荷を斥けるのである。ノックもしないで押しかけた大きなアルファ粒子の衝撃にも耐えることから考えて、

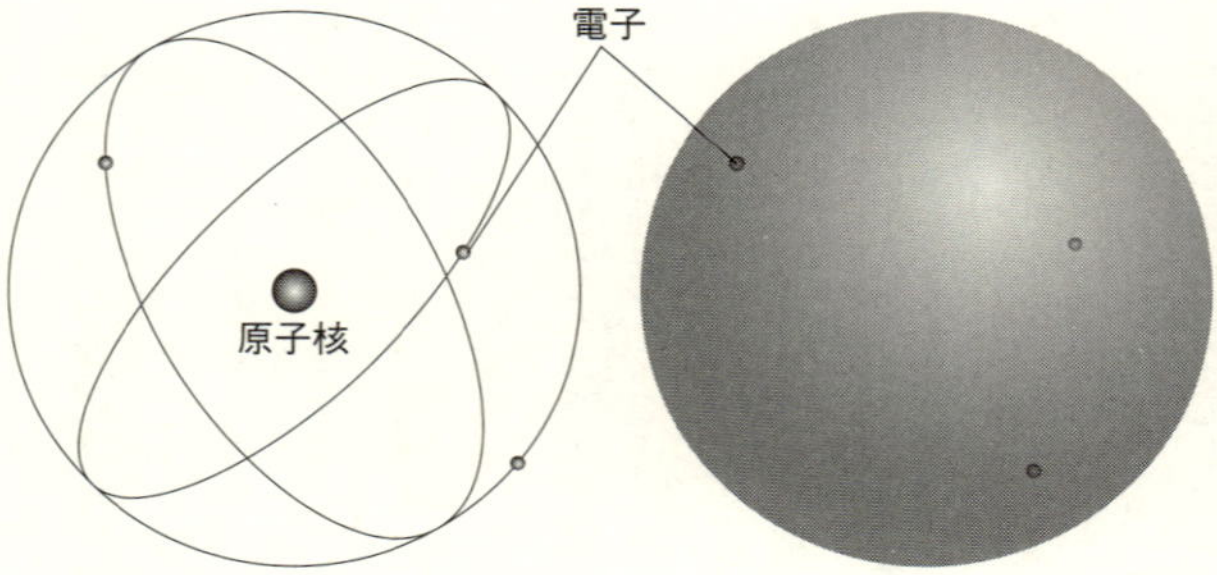

ラザフォードのモデル（左）とプラムプディング・モデル（右）

このかたまりもまた重いにちがいない。事実、それは原子の質量のほとんどすべてを含んでいるにちがいない。

ラザフォードは原子核を発見したのだ。

こうして生まれた原子の内部のイメージは、想像することが可能だったトムソンのプラムプディング・モデルとは異なる。それは負に帯電した電子が正に帯電した核に引っ張られ、惑星が太陽をまわるように、その周りをめぐっているミニチュアの太陽系だった。原子核の質量は、少なくともアルファ粒子と同じ程度の重さがなければならない——おそらくそれよりずっと重いだろう。なぜなら原子核はアルファ粒子と衝突しても原子の外に蹴りだされないからだ。したがって、それは原子の質量の九九・九パーセント以上を含まねばならない。*3

核はものすごく小さい。自然が大きな正電荷を非常に小さな体積に詰め込むことができたときにだけ、核はアルファ粒子にUターンをおこなわせることができるほどの圧倒的な斥力《せきりょく》をふるうことができる。したがって、ラザフォードの原子の見方でもっとも印象的だったのは、そのぞっとするほどのなにもなさである。劇作家トム・ストッパードは、彼の戯曲『ハプグッド』でそれをあざやかに表現している。「まず握り拳《こぶし》を作ろう。もし握り拳が原子核と同じ大きさであるとすれば、原子はセントポール大聖堂と同じ大きさであり、そして、もしこれがたまたま水素原子であるとすれば、そのたった一個の電子は空っぽの大聖堂を、あるときは丸天井、あるときは祭壇と蛾のように飛びまわっているだろう」

見かけの堅固さにもかかわらず、よく知っているはずの世界は、実際には幽霊以上に実体をもっていなかった。物質は、椅子、人間、あるいは星であろうと、ほとんどがなにもない空間で占められていた。原子がもっている実体は、ありえないほど小さな――すべてが備わった原子より一〇万倍も小さな――核のなかに存在していた。

言いかたを換えると、物質は極端に薄く広がっているのだ。もし余分ななにもない空間を全部搾りだすことができれば、物質はほとんど場所を取らなくなるだろう。実際、これは充分に可能なのである。人類を角砂糖一個の体積に圧縮する容易な方法は存在しないが、重い星の物質をできるだけ小さな体積に圧縮する方法はたしかに存在する。圧縮はおそろしく強い重力によってなされ、その結果が「中性子星」である。このような天体は、太陽の大きさの莫大な質量をせいぜいエヴェレスト山ほどの体積に詰め込む。[*4]

不可能な原子

太陽の周りをめぐる惑星のように、小さな電子が高密度の原子核の周りを飛びまわっているというミニチュアの太陽系に似たラザフォードの原子のイメージは、実験科学がもたらした成果だった。不幸なことに、それにはちょっとした問題があった。それは既知の物理学と完全に両立しなかったのだ！

すべての電気と磁気の現象を解説するマクスウェルの電磁気理論によれば、電気を帯びた粒子が加速したり、速さや運動の方向を変えるときには、いつでも電磁波——光——を出す。原子中の電子は、電気を帯びた粒子である。核をまわるあいだ、電子はたえず方向を変えている。その結果、それはミニチュアの灯台のようなはたらきをして、空間にたえず光の波を撒き散らしている。問題はどの原子にとってもこれが破滅をもたらすということだ。結局のところ、光として放射されたエネルギーはどこかからもってこなければならないし、それは電子自体からしかもってくることができない。たえずエネルギーを搾り取られた結果、電子は螺旋を描いて原子の中心にますます近づくだろう。計算によれば、電子はわずか一億分の一秒で核に衝突することになる。当然、原子は存在しないはずだ！

しかし、原子は現に存在する。私たちと私たちの周りの世界は、そのことを充分に証明している。一億分の一秒で消滅するどころか、原子はほぼ一四〇億年前に宇宙が誕生して以来、手つかずで生きつづけてきた。ラザフォードの原子のイメージから、なにか決定的な構成要素が見逃されているにちがいない。その構成要素とは、革命的な新しい種類の物理学――「量子論」である。

＊1　これらの考えかたのいくつかは、私の初期の著書『僕らは星のかけら』(無名舎、二〇〇〇年／ソフトバンク文庫、二〇〇五年)で論じたものだ。すでに読まれた方々にお詫《わ》びする。言い訳をすると、後に続く量子論に関する章を理解するためには、原子についての基礎的な事柄を知る必要がある。これは原子の世界についての不可欠な理論である。

＊2　もちろん、人間の指ができるように、針によって実際に表面を感知しうる方法はない。しかし、もし針が充電されていて、調べている表面のきわめて近くに置かれるならば、針の先端と表面の隙間《すきま》を、極微細だが測定可能な電気の流れが飛び越える。これは「トンネル電流」として知られており、利用できるきわめて重要な特性である。つまり、電流の大きさが、隙間の幅に並外れて敏感なのだ。もし針を表面すれすれに走らせるなら、電流はすぐさま跳ねあがり、ほんのすこし引き離すと、急落する。それゆえ、トンネル電流の大きさが、針の先端と表面の距離を表す。これにより針は人工的な触覚を獲得する。

＊3　結局、物理学者は核が二種類の粒子を含んでいることを発見するだろう。つまり、正に帯電した「陽子」と、電荷のない、すなわち電気的に中性の「中性子」である。核のなかの陽子の数は、つねに軌道上の同数の電子と正確に釣りあっている。原子の差は、核にある陽子の数（そして結果として軌道上にある電子の数）にある。たとえば、水素は核に一個の陽子をもち、ウランはずっと多く九二個である。

＊4　第4章「不確定性と知識の限界」参照。

2　なぜ神は宇宙でサイコロ遊びをするのか

ある哲学者はかつてこう言った。「同じ条件がつねに同じ結果を生みだすことこそ、まさしく科学が存在するためになくてはならない」ところが、そうではないのだ！

リチャード・ファインマン

それは二〇二五年のこと、荒れ果てた山頂高く、口径一〇〇メートルの巨大な望遠鏡が夜空を見上げている。望遠鏡は観測可能な宇宙の果てに浮かぶ原始銀河に向けて固定され、地球が生まれるはるか前から宇宙を旅してきた弱々しい光は、望遠鏡の鏡によってこのうえなく鋭敏な電子探知装置に集められている。望遠鏡ドームの内部にあるスターシップ、エンタープライズ号の操縦席を想起させる制御盤にすわった天文学者は、銀河のぼやけた映像が、コンピュータ受像機の視野に入るのを見守っている。だれかが拡声器のスイッチを入れると、耳をつんざくようなひび割れた音が制御室全体に鳴り響く。それはマシンガンの発射音のように聞こえ、トタン屋根を打ち鳴らす雨音のように響いた。実際、それは宇宙のはるか彼方から望遠鏡の検出装置に降り注いでいる光の微小な粒子の音なのだ。

宇宙でもっとも弱い光源を見ようと目を凝らすのに生涯をついやしているこれらの天文学者には、光が小さな弾丸のような粒子——「光子」——の流れであることは自明の事実だった。しかし、科学界がこの考えかたを受け容れるのに不満を述べたり激しく抗議したりして、だらだら時間を延ばしたのは、遠い昔のことではない。実際、光がばらばらのかたまり、すなわち「量子」として伝わることは、科学史上、単独でもっとも衝撃的な発見だった。それは二〇世紀以前の科学の居心地のいい毛布をはぎ取り、物理学者たちを『不思議の国のアリス』のようながさつな世界にさらしたのである。そこでは森羅万象は起こるがゆえに起こるのであり、因果関係といった文明的な法則はまったく無視されるのだ。

光が光子からできていることを最初に理解した人は、アインシュタインだった。光は微小な粒子の流れであるという想像をはたらかせたおかげで、彼は「光電効果」という名で知られる現象を読み解いたのである。スーパーマーケットに歩いて入ろうとすれば、ドアはあなたのために自動で開く。自動ドアは光電効果によって制御されている。光にさらされると、ある種の金属は電気の粒子――電子――を放出する。これを「光電池」に取り入れると、このような金属は光線が当たっているあいだは小さな電流を発生する。この光線を遮る買物客は電流を止め、スーパーマーケットのドアに脇に寄れと信号を送る。

光電効果の主要な特徴のひとつは、きわめて微弱な光であっても、電子は金属から即座に蹴りだされる――つまり、絶対に遅れることはない。[*1] 光が波であるとすれば、これは説明できない。その理由は、放出されているのが波であるならば、金属にある大量の電子と相互に作用するだろう。あるものは必然的に他のものの後で蹴りだされるだろう。実際、いくつかの電子は、光が金属に当たった後、少なくとも一〇分かそこらで放出されるかもしれない。

では、どのようにして電子は即座に金属から蹴りだされるのだろうか。それにはひとつの方法しかない――もしそれぞれの電子が一個の光の粒子によって金属から蹴りだされているとしたら。

光が小さな弾丸のような粒子でできているという、より強力な証拠が「コンプトン効果」によってもたらされた。電子がX線――光の高エネルギーの仲間――にさらされると、ビリヤードの球が他のビリヤードの球に衝突されたのとまったく同じようなやりかたで跳ね返される。

表面的には、光が小さな粒子の流れのようにふるまうという発見は、非常に目覚ましいものや驚くべきことには見えないかもしれない。しかし、じつは驚くべきものなのだ。なぜかと言えば、きわめて多くの強力な証拠があって、光は想像できるかぎり粒子の流れとは異なるものであることを示しているからである――光は波なのだ。

空間の海のさざ波

一九世紀はじめに、フランス人ジャン・フランソワ・シャンポリオンとは別にロゼッタ石を解読したことで名高いイギリスの物理学者トマス・ヤングは、光を通さないスクリーンを用いて、二本の垂直なスリットをすぐ近くに設けて、単色の光を当てた。もし光が波であれば、それぞれのスリットが波の新しい源になり、そこから波は離して置かれたスクリーン上に、湖上に同心円状に広がるさざ波のように広がるだろうと彼は考えた。

波が示す特徴的な性質が「干渉」である。二つの同じような波がすれ違うとき、一方の山がもうひとつの山と合致すればおたがいに強めあい、一方の山が他方の谷と合致すればおたがいに弱めあう。夕立のときに水たまりを眺めれば、それぞれの雨滴が作りだすさざ波がおたがいに干渉し、「強め」あったり「弱め」あったりして広がるのが見られるだろう。

二つのスリットを出た光の経路に、ヤングは第二の白いスクリーンを差し挟んだ。すると、明暗が交互に並んだ垂直な縞《しま》模様が出現した。それはスーパーマーケットのバーコードにとてもよく似ていた。この「干渉パターン」こそ、光が波であることを示す動かしがたい証拠なのである。二つのスリットから放たれた光のさざ波は、足並みが揃《そろ》い、山と山が合致すれば光の明るさは強まり、足並みが乱れれば光は打ち消される。

この「二重スリット」装置を用いて、ヤングは光の「波長」を決定することができた。彼はそれがわずか一〇〇〇分の数ミリメートルにすぎない——人間の髪の毛の幅よりもはるかに小さい——ことを発見し、光が波であるというそれ以前にはだれも思いつかなかったことを、見事に証明した。

続く二世紀のあいだは、ヤングが空間の海のさざ波として描いた光のイメージは、光を含むあらゆる既知の現象を説明するのに絶大な影響力をもっていた。しかし、一九世紀の末ともなると、厄介事が頭をもたげはじめていた。最初はほとんどの人が気づかなかったが、波としての光というイメージと物質の小さな点としての原子というイメージは相容れなかったのである。難題は光と物質が出会う場所、すなわち接点《インターフェイス》にあった。

一枚のコインがもつ二つの顔

光と物質の相互作用は、日常の世界でもきわめて重要である。もし電球のフィラメントのなかの原子が光を放出しなければ、私たちはわが家を明るくすることができないだろう。もし原子が目の網膜のなかで光を吸収しなければ、あなたはこの文章の文字を読むこともできないだろう。厄介なのは、もし光が波であるとすれば、原子による光の放出と吸収を理解することが不可能だということだ。

原子はきわめて局所的なもので、空間の小さな領域に閉じ込められているのに対して、光の波は広がりのあるもので、空間の大きな領域を満たしている。だとしたら、光が原子に吸収されるときには、どのようにして大きなものが小さなもののなかに圧縮されるのだろうか？　そして、原子が光を放出するときには、どのようにしてこんなに小さなものが、こんなに大きなものを咳をするように吐きだすのだろうか？

光が吸収されたり放出されたりすることができるのは、光もまた小さな局所的なものである場合だけであると常識は教える。諺《ことわざ》にもあるように「ヘビはそれに似たヘビのなかにしか納まらない」。しかし、光は波であることが知られている。だから、物理学者にとってこの難問から抜けだす唯一の方法は、絶望のあまり両手を挙げて降参し、光は波と粒子の両方であると不承不承認めることだ。だが、たしかに、あるものを同時に局所化したり、拡散させたりすることはできないのではないか？　日常世界では、これは非の打ちどころのない真実だ。しかし、ここが決定的なところだが、私たちは日常世界について語っているのではない。ミクロの世界について語っているのだ。

原子と光子の属するミクロの世界は、馴染《なじ》みの深い木々や雲や人々の世界に似ているところが少しもない。馴染みのあるものの世界の一〇〇万分の一という小さな領域だから、似ているところがなくて当然だ。光は本当に波でもあれば粒子でもあるのだ。あるいは、もっと正確に言えば、光は「なんらかのもの」であり、日常語には該当する単語がなく、日常世界には比較できるものがない。二つの面をもつコインと同じく、私たちはその粒子に似た側面とその波に似た側面を見ることができるにすぎない。光は実際には何かということは知りえない。これは盲人に青という色が知りえないのと同じだ。

光はときには波のようにふるまい、ときには粒子の流れのようにふるまう。二〇世紀初頭の物理学者にとって、そのことを受け入れるのは途方もなく困難なことであった。しかし、彼らには他に選択の余地はなかった。というのは、それが自然の教えるところだったからである。「月曜、水曜、金曜には波の理論を、火曜、木曜、土曜には粒子の理論を教えた」とイギリスの物理学者ウィリアム・ブラッグは一九二一年に冗談をとばした。

ブラッグの実用主義《プラグマティズム》は尊敬に値する。だが残念なことに、それでは物理学を惨事から救うには不充分だった。アインシュタインが最初に理解したように、光の波－粒子という二重の性格が破滅の原因だった。それは目で見ることが不可能であるばかりか、既存のあらゆる物理学ともまったく両立できなかったのである。

確実性よ、さようなら

窓について考えてみよう。仔細《しさい》に眺めれば、あなたの顔の微かな反射が見える。これはガラスが完全に透明でないためである。ガラスは当たっている光の約九五パーセントを通過させる一方で、残りの五パーセントを反射する。もし光が波であれば、これを理解するのはまったくやさしい。波は窓を通過する大きな波と跳ね返るはるかに小さな波の二つにはっきりと分かれる。モーターボートの船首波について考えてみよう。もし船首波が半ば水没した流木に衝突すると、大きな波は引き続き流れていく一方で、小さな波は逆戻りするだろう。

しかし、光が波であればこのふるまいが理解しやすい一方で、光が同一の弾丸状の粒子の流れであれば、理解するのは極端に難しい。結局のところ、すべての光子が同一であれば、それぞれが窓によって同じように影響されるはずである。デイヴィッド・ベッカムがくり返しくり返しフリーキックをすると考えよう。もしサッカーボールが同じであり、彼は毎回まったく同じように蹴るならば、サッカーボールは空中をすべて同じような弧を描き、ゴールの同じ箇所に当たるだろう。ほとんどのサッカーボールが同じ箇所にゴールする一方で、一部のボールがコーナー・フラッグに外れるというのは想像しにくい。

では、どうして絶対に同一の光子の流れが窓にぶつかり、九五パーセントがそのまま通過する一方で、五パーセントは跳ね返ることが可能なのだろうか？　アインシュタインが理解していたように、そこにはたったひとつしか方法がない。つまり、ミクロの世界の「同一」という言葉は、日常世界で用いられるのとはまったく違う意味である。その意味は縮小され、削減されているのだ。

ミクロの領域では、同一の事物が同一の環境のなかで同じ仕方ではふるまわないことが判明している。その代わりに、どんな特殊な仕方についてもまったく同じ確率をもつのである。窓に到達する個々の光子はそれぞれに、その仲間とまったく同じく透過する確率──九五パーセント──をもち、まったく同じく反射される確率──五パーセント──をもつ。与えられた光子に何が起こるかを確実に知る方法は絶対にない。それが透過するか反射するかは、まったくランダムで偶然に決まるのだ。

二〇世紀のはじめ、この予測不可能性が、この世界において根本的に新しいことだった。ルーレットの回転盤が空転するあいだ、周りで跳ねまわっている玉を想像してみよう。回転盤がいつものように予測しようもなく最終的に停止するとき、玉も数字が書かれたポケットに落ちると考える。だが、これは本当ではない。もし玉の最初の軌跡、回転盤の初期の速度、カジノの空気の流れが刻々とどう変わるかなどを知ることができれば、物理学の法則を用いて、玉がどのポケットに落ちるかを一〇〇パーセントの確実さで予測できるだろう。同じことがコイン投げについても言える。もし投げあげたときの力、コインの正確な形などを知ることができるならば、コインが裏を出すか表を出すかについては、物理学の法則を用いて一〇〇パーセントの確実さで予測できるだろう。

日常世界では基本的に予測できないものはない。つまり、真にランダムなものはなにもない。ルーレット・ゲームあるいはコイン投げの結果が予測できない理由は、要するにあまりにも多くの状況を考慮に入れなければならないからだ。しかし、原理上は——そしてこれが最重要な点だが——これら二つとも予測することを妨げるものはなにもないのである。

これを光子のミクロな世界と対照させてみよう。私たちがどれだけ情報をもっているかは少しも問題ではない。与えられた光子が窓を透過するか、あるいは反射されるかを予測することは——たとえ原理的にでも——不可能である。ルーレットの玉は理由があって——無数の微妙な力の相互作用によって——おこなうべきことをおこなっている。光子はなんの理由もなしにおこなうべきことをおこなっているのだ！　ミクロ世界では予測不可能であることが基本である。それはこの世で、真に新しいなにかなのだ。

そして光子について真実であると判明したことは、ミクロの領域のすべての事柄についても真実である。爆弾はタイマーが時を告げるか、振動によって攪拌《かくはん》されるか、その化学成分が突然劣化するなどの理由で爆発する。不安定な、あるいは「放射性の」原子は単に爆発する。この瞬間に爆発する原子と、粉々に吹き飛ぶまでに一〇〇〇万年も静かに待たねばならない同一の原子とのあいだには、識別できる違いは絶対にない。衝撃的な真実――あなたが窓を眺めるたびに明白になること――は、全宇宙がランダムな確率のうえに築かれていることだ。この考えかたに動揺したアインシュタインは、意固地になって断固としてこう宣言した。「神は宇宙を相手にサイコロ遊びをしない!」

厄介なのは、それをしているのが神なのである。イギリスの物理学者スティーヴン・ホーキングは皮肉な笑いを浮かべてこう指摘する。「神は宇宙を相手にサイコロ遊びをするだけでなく、われわれに見えないところでサイコロを投げるのだ!」

アインシュタインは一九二一年にノーベル物理学賞を受賞したが、それはもっとも有名な相対性理論に対してではなく、光電効果の説明に対して与えられたのだった。これはノーベル賞委員会が逸脱していたわけではない。アインシュタイン自身、彼の「量子論」に関する業績を、彼が科学でなしとげたことのなかでたったひとつ真に「革命的」なものだと考えていた。そんなわけでノーベル賞委員会は彼と完全に一致していたのだ。

光と物質の折りあいをつけようとした取り組みから生まれた「量子論」は、それ以前のすべての科学と根本的に反目しあっていた。一九〇〇年以前の物理学は、基本的に未来を絶対的な確実さで予測するための方法である。もし惑星が、現在、特定の場所にあるならば、それは一日で別な場所に移動するだろう。このことはニュートンの運動の法則と重力の法則を用いれば一〇〇パーセントの確実さで予測できる。これを空間を飛んでいる原子と対照させてみよう。確実に知ることができるものはなにもない。私たちに予測できるすべては、その可能性としての経路、その可能性としての最終位置である。

量子論は不確実性に基礎を置いている一方で、その他の物理学は確実性に基礎を置いている。これこそが物理学者にとって問題であるというのは、いささか控えめな表現だ！「物理学は与えられた状況下で何が起こるかを予測するという問題を放棄している」とリチャード・ファインマンは語った。「われわれは見込み《オッズ》を予測することしかできない」

しかし、すべてが失われたのではない。もしミクロ世界がすべて予測できないならば、それはまったくのカオスの領域になるだろう。だが、事態はこれほど悪くはない。原子とその同類が関係を結ぶのも本来的に予測不能なのであるから、予測不能だということが少なくとも予測可能であると判明するわけだ！

予測不能性を予測する

もう一度、窓について考えてみよう。それぞれの光子は九五パーセントの確率で透過し、五パーセントの確率で反射される。では、何がこれらの「確率」を決めるのか？

ところで、光の二つの異なるイメージ――粒子としてのイメージと波としてのイメージ――は、同じ結果を生みださなければならない。もし波の半分がそのまま透過し半分が反射されるとすれば、波と粒子のイメージを折りあわせる唯一の方法は、個々の光の粒子はそれぞれ透過する確率が五〇パーセントと反射される確率が五〇パーセントになることである。同じように、もし九五パーセントの波が透過し、五パーセントが反射されるとすれば、それに対応する個々の光子の透過と反射の確率は九五パーセントと五パーセントであるにちがいない。

光がもつ二つのイメージを一致させるためには、光の粒子に似た側面は波に似た側面によってどのようにふるまうかについて、どうにかして「知らされ」ねばならない。言い換えると、ミクロな領域では、波は単に粒子のようにふるまうだけではなく、それらの粒子もまた波のようにふるまうのだ！　そこには完璧な対称性がある。事実、ある意味では、この言説が量子論について知る必要のあることのすべてである（いくつかの細部を除いて）。他のすべてのことは必然的にそこから導かれる。この世のものとは思えないあらゆる不思議さ、ミクロ世界の驚くべき豊かさのすべては、実在を根本的に組み立てているブロックの波‐粒子の「二重性」による直接的帰結なのだ。

だが、光の波に似た側面は、光の粒子に似た側面に、どのようにふるまうかについてどうやって正確に知らせるのか？　これはたやすく答えられる質問ではない。

光は粒子の流れとして、あるいは波としてのどちらかで、その姿を表す。私たちはけっしてコインの両面を同時に見ることはない。そこで光を粒子の流れとして観察するとき、そこにはこれらの粒子がどのようにふるまうかを知らせる波は存在しない。したがって、たとえば、窓を飛び越えるなど、光子があたかも波に導かれたかのようにふるまう事実を説明しようとすると、物理学者は問題を抱えることになる。

物理学者はこの問題を特別なやりかたで解決する。現実の波がないので、抽象的な波——数学的な波——を想像する。これがばかばかしい印象を与えたとしても、もっともなことだ。一九二〇年代にオーストリアの物理学者エルヴィン・シュレディンガーが初めてこの考えかたを提案したとき、大多数の物理学者たちの反応だってそんなものだったのである。シュレディンガーはちょうど池に広がっていく波のように、障害物にぶつかり、透過したり反射されたりして、空間を通して広がる抽象的な数学的波を想像した。波が高いところでは、粒子が見出される確率はもっとも高く、波が低いところでは、その確率はもっとも低い。このやりかたで、シュレディンガーの「確率の波」は「波動関数」と名付けられ、粒子に何をすべきかを教えた。しかも、それは光子だけではなく、原子から電子のような原子の構成要素にいたるまで、すべてのミクロの粒子にも当てはまる。

ここには微妙な点がある。もし任意の点にある粒子を見出す確率が、ある点の確率の波の高さの「二乗」に関係しているとすれば、物理学者たちは実在をシュレディンガーの理論に一致させることができただろう。言い換えると、もし空間のある点における確率の波が、空間のもうひとつの点の確率の波の高さの二倍であれば、そこに粒子を見出す確率は別のところに見出す確率の四倍だということである。

実際に物理学的な意味をもっているのは確率の波の二乗であって、確率の波そのものではないという事実は、波は世界の表面の下に隠れている実在なのか、それとも計算するための便利な数学的工夫にすぎないのかをめぐって、今日まで論争を引き起こしている。後者をほとんどの人々が支持しているが、全員ではない。

確率の波は決定的に重要である。なぜならそれは物質の波に似た側面と、水面の波から音波、地震波にいたる馴染み深いあらゆる種類の波のあいだを関連づけるからである。すべてはいわゆる波動方程式に従う。これはどのようにして波が空間をさざ波を立てて通過するかを記述し、物理学者がいつでもどこでも波の高さを予測できるようにした。シュレディンガーの偉大な功績は、原子とその同類の確率の波のふるまいを記述する波動方程式を見つけたことだった。

「シュレディンガー方程式」を使うことによって、いつでもどこでも空間における粒子を見出す確率を決定することが可能になる。たとえば、それを用いて窓ガラスの障害物に突き当たる光子を記述し、ガラスの裏側に一個見つけられることを九五パーセントの確率と予測することができるのである。事実、シュレディンガー方程式は、どの粒子にせよ、光子あるいは原子であろうと、すべてのものがふるまう確率を予測するのに用いることができる。それはミクロ世界へ続く決定的な橋を提供し、物理学者がそこで起こるすべてのことを予測できるようにする――一〇〇パーセントの確実さが無理なら、少なくとも予測可能な不確実さで！

確率の波についてのこの話はどこへ続いているのだろう？　波がミクロ世界では粒子のようにふるまうという事実によって、ミクロ世界では日常世界とはまったく違うものの言いなりになることから逃れられないことがわかった。それを支配しているのは、ランダムな予測不能性である。これはそれ自体が衝撃的で、物理学者と予測可能な時計仕掛けの宇宙への確信を根こそぎにする打撃だった。しかし、これは始まりにすぎないことが判明する。自然はまだまだ多くの衝撃を用意していた。波は粒子としてふるまうだけではなく、これらの粒子が波としてもふるまうという事実は、水の波や音波のような身の回りにある波のすべてに起きることを意味する。だから、確率の波は、原子、光子、それらの仲間のふるまいかたを知らせてもいる。

だからどうなのか？　よろしい、波はじつにさまざまなことができる。そして波にできるそれぞれのことは、ミクロ世界では半ば奇跡的な帰結をもつことが判明する。波にできるもっとも簡単明瞭なことは「重ねあわせ」として存在することなのである。意外にも、この重ねあわせによって原子は同時に二つの場所に存在することができる。これをあなたで言えば、ロンドンとニューヨークに同時にいるのと同じだ。

＊1　光電効果のもうひとつの興味深い特徴は、ある閾値《しきいち》を超える波長――連続する波の山と次の山の距離を測定したもの――の光が当たっても、金属は電子をまったく放出しないことだ。アインシュタインが理解したように、これは光の光子が波長を増幅することでエネルギーがなくなるからである。そして、ある種の波長を下まわる光子は、金属から電子を蹴りだすのに充分なエネルギーをもっていない。

3　でたらめな原子

算盤《そろばん》と世界最速のスーパーコンピュータの違いを想像してみたところで、われわれが今日もっているコンピュータに比べて量子コンピュータがどれほど強力であるかを、少しも知ったことにならないだろう。

ジュリアン・ブラウン

それは二〇四一年だった。寝室でひとりの少年がコンピュータに向かっている。それはふつうのコンピュータではない。「量子コンピュータ」だ。少年はコンピュータに作業を課した……すると瞬時に、それは問題自体を数百万個のバージョンに分割し、それぞれは問題の別々の要素で処理される。最終的には、わずか数秒後、要素は寄せ集まり、ただひとつの解答がコンピュータ画面上に閃く。その解答は、世界中のふつうのコンピュータが束になっても、見つけるのに何億年も何兆年もかかるだろう。満足した少年はコンピュータを終了させ、遊びに出掛けた。夜の宿題が終わったのである。

たしかに、少年のコンピュータがたったいまやってのけたような離れ業のできるコンピュータはまだないだろう。コンピュータにはこんなことはまだできないが、不完全なバージョンなら今日でもすでに存在している。熱心に討議されている唯一のことは、このような量子コンピュータは単にコンピュータの膨大な複合体のようにふるまうのか、それとも一部の人たちが信じているように、並立する複数の現実、あるいは並立する複数の宇宙に存在しているそれ自体の多数のコピーの計算能力を文字通り利用しているのかである。

量子コンピュータでもっとも重要な性質である多くの計算を同時にする能力は、二つのことから直接もたらされる。それは波にとって可能なことだ（したがって、波のようにふるまう原子や光子のようなミクロな粒子にも可能なことだ）。二つのうち最初のものは、海の波で見ることができる。

海原には大きな波と小さなさざ波の両方がある。しかし、そよ風の吹く日に荒れた海を見た人ならだれでも知っているように、大きくうねる波に小さなさざ波が重ねあわさっているのを見ることができる。これはあらゆる波の一般的な性質である。もし二つの異なる波が存在できるならば、波の組みあわせや波の「重ねあわせ」も存在できる。重ねあわせが存在しうるという事実は、日常世界では取り立てて言うことではない。しかし、原子とその構成要素の世界では、世界を揺るがしかねない意味をはらんでいる。

もう一度、窓ガラスに突き当たる光子を考えよう。光子はシュレディンガー方程式で記述される確率の波によって何をすべきかを知らされる。光子は透過するか反射されるかのどちらかであるから、シュレディンガー方程式は二つの波の存在を認めなければならない——ひとつは窓を通り抜ける光子に対応し、もうひとつは跳ね返る光子に対応する。ここには驚くようなことはない。しかし、もし二つの波が存在することを認められれば、それらの重ねあわせも存在が認められる。海の波の場合、このような組みあわせは珍しいものではない。しかし、ここでは組みあわせが何かきわめて特異なことに対応している——光子は透過することと反射されることの両方がおこなえるのである。言い換えると、光子は同時に窓ガラスの両側に存在できるのだ！

そしてこの信じがたい性質は、ただ二つの真実から当然の帰結として導かれる。光子は波によって記述されるという事実と、波の重ねあわせは可能であるという事実だ。

ここには理論上のファンタジーはない。実験では、光子あるいは原子が同時に二つの場所に存在することは実際に可能である——これは日常世界に置き換えると、あなたが同時にサンフランシスコとシドニーにいるようなものだ（もっと正確には、光子あるいは原子が同時に二つの場所に存在するという結果を観察することは可能である)。重ねあわせができる波の数には制限がないので、光子あるいは原子は、三カ所、一〇カ所、一〇〇万カ所に同時に存在することが可能なのである。

しかし、ミクロ粒子に結びついた確率の波は、置かれる場所を知らせる以上のことをおこなう。あらゆる状況でいかにふるまうのか——たとえば、光子にガラス板を透過するか、反射されるか——を教えるのである。その結果、原子とその仲間はたくさんの場所に同時に存在することができるだけでなく、たくさんのことを一度にすることができる。あなたに置き換えると、家の掃除をする、犬と散歩する、毎週スーパーマーケットで買い物するといったすべてが同時にできるのである。これこそが量子コンピュータの桁外れな能力の背景にある秘密である。たくさんの計算を同時にするのは、原子がたくさんのことを同時になし遂げる能力を利用したのだ。

たくさんのことを同時になし遂げる

従来のコンピュータの基本要素は、トランジスタである。トランジスタは二つのはっきり異なる「電圧状態」をもっており、ひとつは二進法数字、すなわちビットで「0」と表し、それ以外は「1」と表すのに使われていた。「0」と「1」を横に並べると、大きな数を表すことができる。その数に従来のコンピュータは別の大きな数を加えたり、引いたり、乗じたり、割ったりできる。しかし、量子コンピュータでは、基本要素――これはただひとつの原子かもしれない*1――は状態の重ねあわせである。言い換えると、「0」と「1」を同時に表せるのである。これを通常のビットと区別するために、物理学者はこのような分裂している実体を量子《クアンタム》ビット、略して「キュービット」と呼んでいる。

一キュービットは二つの状態(0あるいは1)を、二キュービットは四つの状態を(00あるいは01あるいは10あるいは11)を、三キュービットは八つの状態……をもつことができる。その結果、一キュービットで計算するときには、二つの計算を同時におこなうことができ、二キュービットでは同時に四つの計算を、三キュービットでは同時に八つの計算……ができる。もしこのことがピンと来ないならば、一〇キュービットでは一〇二四個の計算を同時に、一〇〇キュービットでは何千兆、何千京個という計算が同時にできるのだ! 物理学者が量子コンピュータの将来性に期待しすぎるのも無理はない。計算の種類によっては量子コンピュータは従来のコンピュータよりはるかに性能がすぐれており、従来のパソコンを断然劣ったものに見せてしまう。

しかし、量子コンピュータが機能するためには、波の重ねあわせだけではそれ自体、不充分である。もうひとつの波の要素が不可欠なのだ。それは干渉である。

一九世紀はじめにトマス・ヤングが光の干渉に気づいたことは重要な観察であり、光が波であることを万人に確信させたのだった。二〇世紀のはじめには、光は粒子の流れのようにもふるまうことが発表され、ヤングの二重スリットの実験は新たに予期しなかった重要性を帯びた――ミクロ世界の中心となる特異性を明らかにする手段として。

干渉こそが手がかり

ヤングの実験に用いられた近代的な装置の場合、不透明なスクリーンの二重スリットには光が当てられるが、それは疑いなく粒子の流れである。実際には、この実験にはたいへん微かな、一時《いっとき》に一個しか光子を放出しない光源が用いられている。第二のスクリーン上のさまざまな位置に置かれた感度の高い検出器が光子の到達を数える。しばらくのあいだ実験が続いた後、検出器は驚くべきことを示した。スクリーン上のある場所には光子がたくさん付いているが、それ以外の場所は完全に避けて通っている。さらに付け加えれば、光子がたくさん付いている場所と避けられている場所が交互に並んで、縦の縞を作っている――ヤングが初めておこなった実験とまったく同じだ。

しかし、ちょっと待ってくれ！　ヤングの実験では、干渉によって明暗の帯が作られる。そして干渉の基本的な特性は、同じ光源から出された二つの波――一方のスリットを通して出さ

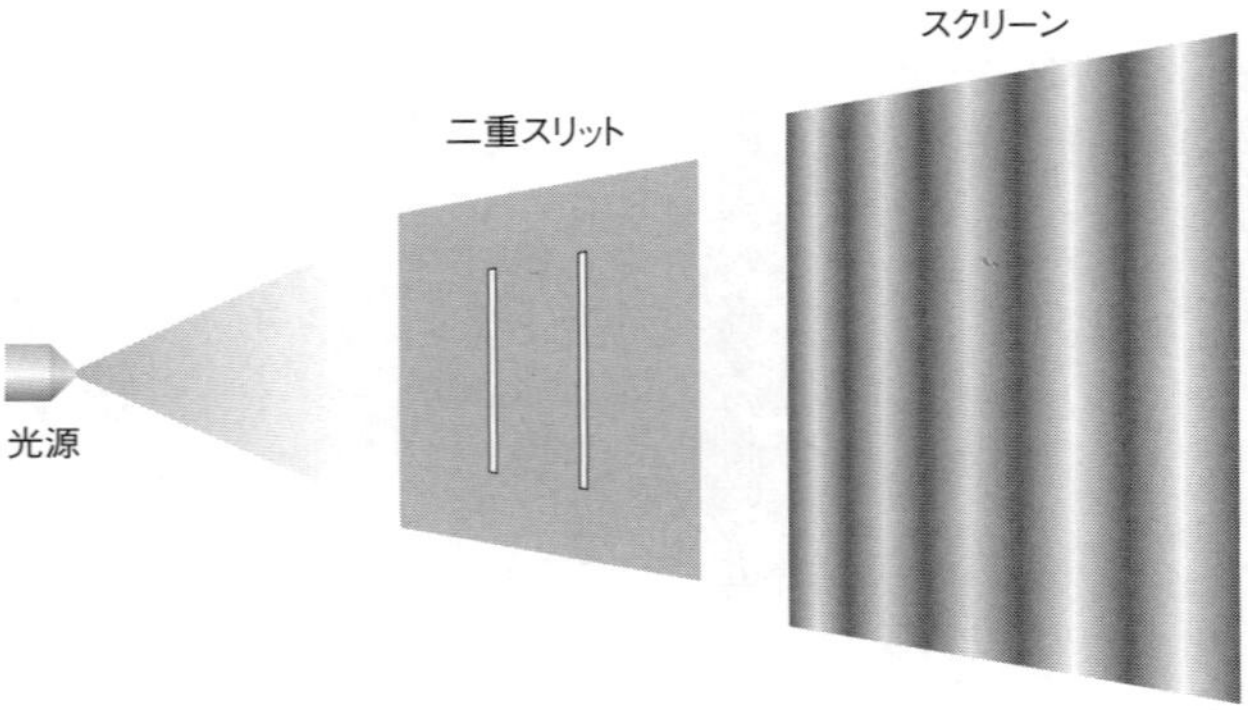

ヤングによる二重スリットの実験

れる光ともう一方のスリットを通して出される光――が混ざりあうことに関係する。しかし、この場合、光子は二重スリットに同時に到着している。それぞれの光子は完全に単独で、他の光子が混じりあうことはない。では、なぜ干渉が起こりうるのだろうか？　仲間の光子がどこにたどり着いたのかをどうやって知ることができるのか。

それにはひとつしか方法がないだろう――もしそれぞれの光子が同時に両方のスリットを通るとすれば、そのときには光子は自分自身と干渉できる。言い換えると、それぞれの光子は二つの状態の重ねあわせであるにちがいない――一方は左側のスリットを通る光子に対応する波であり、他方は右側のスリットを通る光子に対応する波である。

二重スリットの実験は、光子や原子、あるいは他のどんなミクロ世界の粒子でも可能である。実験によって、そのような粒子がどのようにふるまうか――第二のスクリーンのどこにぶつかることができて、どこにできないか――を絵に描いたように示す。そこでは粒子は波でできた分身のように組織化されている。しかし、これは二重スリット実験が実証してみせることのすべてではない。重要なのは、重ねあわせを構成している個々の波は、受動的ではなく、たがいに積極的に干渉できることを示していることだ。個々の重ねあわせの状態によってたがいに干渉する能力は、あらゆる奇妙な量子現象を生みだしているミクロ世界への決定的な手がかりである。

量子コンピュータについて考えよう。たくさんの計算が同時にできる理由は、状態の重ねあわせとして存在できるからである。たとえば、一〇キュービットの量子コンピュータは同時に一〇二四通りの状態にあるため、したがって、同時に一〇二四の計算を実行することができる。しかし、並行な計算要素は、すべていっしょに編みあわされないかぎり、なんの意味もない。干渉はこれを達成する手段である。干渉は重ねあわせの一〇二四の状態が相互作用でき、たがいに影響しあえる手段だ。干渉のおかげで、量子コンピュータが吐きだすたったひとつの解答は、一〇二四もの並行な計算のすべてで進行していることを反映し、総合することができるのだ。

問題が一〇二四個の断片に分割され、それぞれの断片にひとりずつ取り組んでいると考えよう。問題を解くためには、一〇二四人がおたがいに連絡をとりあい、出された結果を交換しなればならない。これこそが干渉によって量子コンピュータで可能になったことなのである。

　ここで注目に値する重要な点は、重ねあわせがミクロ世界の基本的な特性であるとはいえ、それが実際には観察されることのない実在の奇妙な性質だということである。私たちが見るすべては、それらの存在の結果なのだ――重ねあわせを構成している個々の波がたがいに干渉した結果として生じたものである。たとえば、二重スリットの実験の場合、私たちが見るすべては干渉パターンであり、そこから電子は重ねあわせであると推論し、それが両方のスリットを同時に通過するのである。同時に両方のスリットを通過する電子を捕らえることは、現実には不可能である。これが前に述べた、原子が同時に二つの場所に存在するという結論を観察することだけはできるが、実際に同時に二つの場所に存在することは観察できないという意味である。

多重宇宙

量子コンピュータが莫大な数の計算を同時におこなうという特異な能力は、難問を投げかけている。実際の量子コンピュータは、現在、ほんの少数のキュービットしか扱えない初期段階にあるとはいえ、量子コンピュータが一〇億、一〇〇京（一〇の一八乗）、一抒《じょ》（一〇の二四乗）の計算を同時にできると想像することは可能である。実際、三〇年か四〇年あれば、宇宙にある粒子の数よりも多くの計算を同時におこなう量子コンピュータを作りあげることは、まさしく可能だろう。この仮定的な状態が難題を突きつける。このようなコンピュータは、いったいどこで計算をするのだろうか？　つまるところ、もしこのようなコンピュータが宇宙に存在する粒子よりももっと多くの計算を同時におこなえるとすれば、宇宙にはこれを実行するには不充分な計算材料しかないのは当然である。

この難問から抜けだすための方法をもたらす、ひとつのとてつもない可能性は、量子コンピュータの計算を、並行実在すなわち並行宇宙で実行するということである。この考えかたはヒュー・エヴェレット三世という名のプリンストンの大学院生にまでさかのぼる。一九五七年、なぜ量子論は原子のミクロ世界をこんなに見事に記述するのに、私たちは原子が二つの場所に同時に存在するという重ねあわせの状態を実際に見られないのだろうとエヴェレットは不思議に思った。エヴェレットの並外れた解答は、重ねあわせのそれぞれの状態は別々の実在の総体のなかに存在するというものだった。言い換えると、すべての量子的な出来事が起こりうるところで、現実の多重性——多宇宙《マルティヴァース》——が存在するのである。

エヴェレットは「多数世界」という考えかたを量子コンピュータの登場するはるか以前に提案していたが、それは量子コンピュータを解明するのに役立つだろう。多数世界の考えかたによれば、問題を与えられたとき、量子コンピュータは問題をそれぞれ別々の実在に生きている、それ自体の複合バージョンに分解する。このようにして本章の冒頭では、少年の量子パソコンはたくさんのコピーに分解される。コンピュータのそれぞれのバージョンは、問題を分解した要素にはたらき、それらの要素は干渉によって集められる。したがって、エヴェレットの描いたイメージによれば、干渉は非常に特殊な意義をもっている。それは別々の宇宙をつなぐきわめて重要な橋であり、それらの宇宙がたがいに作用し、影響しあう手段である。

エヴェレットは並行宇宙がどこにあるのかについては、何の考えもなかった。そして、率直に言うと、多数世界という考えかたを現在支持する人たちも考えをもちあわせていない。ダグラス・アダムズが『銀河ヒッチハイク・ガイド』で皮肉っぽく述べている。「並行宇宙を論じるときには二つのことを覚えておかねばならない。第一に、それらは実際には並行でないこと、第二に、それらは実際には宇宙ではないことだ！」

このように込みいった考えかたにもかかわらず、エヴェレットが多数世界を提唱してから半世紀後に、この考えかたは突如として人気を博した。それを本気で取りあげる物理学者は数を増し、なかでも有名なのはオクスフォード大学のデイヴィッド・ドイッチュである。「並行宇宙の量子論は難解な理論的考察から生まれた面倒で軽視されるべき解釈ではない」とドイッチュがその著書『世界の究極理論は存在するか』で述べている。「それこそが注目に値する、直観に反した実在の解釈であり、批判に耐えうる唯一のものだ」

もしドイッチュに賛成ならば——多数世界の考えかたは、量子論のより紋切り型の解釈として考えうるありとあらゆる実験がまさしく同じ結果になることを予言する——量子コンピュータはこの世で根本的に新しい何かなのだ。それは多重実在の可能性を利用して人間が作ったまさに最初の装置である。たとえ多数世界の考えかたを信じていなくても、量子コンピュータは依然として、不可思議な量子世界で進行していることを想像するための簡単で直観的な方法を提供してくれる。たとえば、二重スリットの実験では、単一の光子が同時に両方のスリットを通り抜け、自分自身と干渉することを想像する必要はない。その代わりに、一方のスリットを通過したある光子が、他方のスリットを通過したもうひとつの光子と干渉を起こす。その他の光子は、と訊《たず》ねるかもしれない。もちろん、隣接宇宙の光子のことである!

なぜ小さいものだけが量子なのか

量子コンピュータは、作りあげるのが極端に難しい。その理由はたがいに干渉しあうことで量子重ねあわせにある個々の状態が環境によって破壊されるか、深刻に劣化するからである。この破壊は二重スリット実験のさい、はっきりと観察できる。

もし一方のスリットを通過する粒子を突きとめるためにある種類の粒子検出器が用いられれば、スクリーン上の干渉縞はただちに消えて、多かれ少なかれ一様な明るさに取って代わられる。スリットを通り抜ける粒子を観察するだけで、両方のスリットを同時に通過する重ねあわせは消えてしまう。そして、一方のスリットだけを粒子が通過して干渉を示すのは、ちょうど片手で叩く拍手の音を聞くようなものである。

ここで実際に起きているのは、外部の世界から粒子の所在を突きとめる、すなわち「測る」試みである。外部の世界から重ねあわせを突きとめれば、重ねあわせを破壊するには充分である。あたかも量子重ねあわせは秘密であるかのようだ。もちろん、いったん世界が秘密を知ってしまえば、もはや秘密など存在しない！

重ねあわせは、それぞれの環境によってたえず測られている。そして、ひとつの光子が重ねあわせにぶつかって跳ね返り、重ねあわせの状態についての情報が得られ、重ねあわせが破壊される。自然界における測定の過程は「デコヒーレンス」と呼ばれる。日常世界で私たちが奇怪な量子のふるまいを見ない究極の理由はこれである。[*2] 無邪気にも私たちは、量子のふるまいは原子のような小さなものの性質であり、人々や木々のような大きなものの性質ではないと考えるかもしれないが、これは必ずしもそうではない。量子的なふるまいは、実際には孤立した事物の性質なのである。それがミクロ世界には見られるが、日常世界には見られない理由は、単に小さなものを周囲から孤立させるほうが、大きなものを周囲から孤立させるよりもやさしいからにすぎない。

したがって、量子が分裂している代価は孤立である。原子のようなミクロの粒子が外部の世界から孤立したままの状態でいるあいだは、多くの異なることを同時にすることができる。これはミクロの世界では難しいことではない。そこでは量子が分裂していることが日常茶飯事になっている。しかし、私たちが生活している大尺度の世界では、ほとんど不可能に近い。すべての物体に毎秒一抒という数えきれない光子が跳ね返っているからだ。

取り巻かれている環境から量子コンピュータを孤立した状態にしておくことが、このような装置を作ろうと試みている物理学者たちが直面している主な難問である。これまでのところ、物理学者がどうにかして建造した最大のものは、わずかに一〇個の原子から成る、一〇キュービットを備えている量子コンピュータである。一〇個の原子を一定の時間だけ周りから切り離して孤立させるのに、彼らは才能の限りを費やした。もし単一の光子がこのコンピュータにぶつかって跳ね返されれば、一〇個の分裂した原子は、たちどころに一〇個のふつうの原子に変わってしまう。

デコヒーレンスはこのような仕掛けを取り巻く誇大広告に囲まれており、あまり公表されない量子コンピュータの限界の例証となる。答を引きだすために、外部の世界から来たある人——あなた——は、それと相互作用しなければならないし、このことが必然的に重ねあわせを破壊する。量子コンピュータは逆戻りして個別状態にあるふつうのコンピュータになってしまう。一〇キュービットの装置は、一〇二四個の別々の計算の答を吐きだす代わりに、たったひとつの答を吐きだすだろう。

量子コンピュータは、したがって、単一の答だけを出力する並行な計算に制限されてしまう。その結果、量子コンピュータで解くのに適するのは、限られた数の問題だけになるし、それらを見つけるためには、かなりの創意工夫が必要とされる。量子コンピュータはしばしば主張されているのとは違って、画期的な最大の発明ではない。それにもかかわらず、量子コンピュータの能力にうまく合う問題が見つかれば、他の方法では宇宙の年齢を費やしてもできない問題を数秒間で計算して、堂々と従来のコンピュータを出し抜くだろう。

その一方で、量子コンピュータを製造しようとする取り組みで最大の敵であるデコヒーレンスは、最良の友でもある。なぜなら、結局のところ、おたがいに干渉しあう要素のすべてによって要素が巨大な重ねあわせをする量子コンピュータも、デコヒーレンスのために、最終的には破壊されるからだ。つまり、破壊されることによってのみ——単一の答を表す個別状態に戻ることで——このような装置から何か有用なものが生まれてくるのだ。それにしても量子の世界はなんと逆説的なことか！

＊1　二進法は一七世紀の数学者ゴットフリート・ライプニッツによって考案された。これは数字を0と1を並べたもので表す方法である。通常、私たちは十進法を用いている。右端の数字が一の位、次の数字が一〇の位、その次の数字が一〇〇の位、等々を表す。だから、たとえば9217が意味するのは、7＋1×10＋2×(10×10)＋9×(10×10×10)。二進法を用いる場合は、右端の数字が1、次の数字が2、その次の数字が2×2……を表す。だから、たとえば1101が意味するのは、1＋0×2＋1×（2×2）＋1×（2×2×2）となり、十進法では13である。

＊2　外の世界によって知られることで破壊されてしまう「秘密」である量子らしさについてのあらゆるやりとりは、完全な戯言《たわごと》であることを、私はすっかり承知している。しかし、ここでは議論だけで充分だ。量子世界における手段であり、分裂して重ねあわせの状態にある「デコヒーレンス」は、木々や人々が同時に二つの場所に存在したことのない日常世界で起きるようになる。これは専門家がいまなお取り組んでいる厄介な問題だ。本格的な説明は、第5章「テレパシーが飛びかう宇宙」を参照。

4　不確定性と知識の限界

量子の世界に奥深く入り込むにつれて、旅人は量子蚊のような興味深い現象にたくさん出会ったが、それらの質量が小さいために居場所がほとんど突きとめられなかった。

ジョージ・ガモフ

彼は頭がおかしくなったにちがいない。わずか数分前、彼はピカピカの赤いフェラーリをガレージに駐車した。彼は車まわしに立って、彼の誇りであり喜びである車を、ガレージの自動ドアがピシャリと閉まる最後の瞬間まで賛美していたのだった。ところが、玄関まで彼が砂利道を横切るあいだに、奇妙なサラサラという空気の音がして、地面が微かに揺れた。彼はぐるりと向きを変えた。すると、鍵がかけられたままのガレージのドアの前にある車まわしに影を潜めていたのは、彼の美しく赤いフェラーリだったのだ!

フーディーニの脱出術のような離れ業は、日常の世界ではありえないことである。しかし、超微小なものの領域では、ふつうに起きていることであった。ある瞬間には原子はミクロな牢《ろう》獄《ごく》に閉じ込められ、次の瞬間には足枷《あしかせ》を脱ぎ捨てて、沈黙のうちに夕闇《ゆうやみ》に紛れて抜けだしてしまう。

この脱出不可能な牢獄を抜けだす奇跡的な能力は、ミクロな粒子の波に似た側面のおかげであり、そのため原子とその構成物は、波にできるすべてのことが可能である。そして、波にできる多くのことのひとつが、明らかに貫けないような障壁を貫くことだ。これは明白な、あるいはよく知られた波の性質ではない。しかし、それはガラスのブロックを通して伝わり、それを越えて向こう側の空気中に抜けだそうと試みている光線が実証してくれるだろう。

重要なのは、ガラスのブロックの縁、つまりガラスが空気に出会う境界で起きることである。もし光がたまたま狭い角度で境界にぶつかれば、それはガラスのブロックに跳ね返され、向こう側の空気へと抜けだすのに失敗する。実際には、光はガラスに閉じ込められる。しかし、もうひとつのガラスのブロックを境界の近くにもっていき、二つのブロックのあいだに小さな空気の隙間を残せば、根本的に異なることが起こるのである。ちょうど前回と同じように、光の一部はガラスのなかに反射して戻される。しかし——そしてこれが決定的なことだが——光の一部はいまや空気の隙間を飛び越えて、第二のガラスブロックを通過して旅を続ける。

ガレージを抜けだすフェラーリと、ガラスブロックを抜けだす光の類比は、あまり明白ではないかもしれない。しかし、あらゆる点で、光にとって空気の隙間は、フェラーリにとってのガレージの壁のように通り抜けできない障壁にちがいない。

光の波が障壁を通り抜けて、ガラスブロックから抜けだせるのは、波が局所的なものではなく、空間に広がっているものであるためだ。だから、光の波がガラスと空気の境界にぶつかり、ガラスのなかに反射して戻されるときには、ガラスの厳密な境界から実際に反射されるのではない。そうではなく、短い距離だけ向こう側の空気中に通り抜けるのである。その結果、もしまわれ右をする前にもうひとつのガラスブロックに出会えば、その道を進みつづけることができる。第一のガラスブロックからほんの少しだけ空けて第二のガラスブロックを置けば、あら不思議、光は空気の隙間を飛び越えて牢獄を脱出するのだ。

明らかに通り抜けできない障壁を通り抜けるこの能力は、光の波から音の波、原子に結びついた確率の波などあらゆる種類の波に共通である。したがって、この現象はミクロ世界においても明らかだ。議論の余地はあるが、もっとも人目を惹く例は「アルファ崩壊」の現象で、これは「アルファ粒子」が一見脱出不可能に見える原子核の牢獄を破って外に出るのである。

核を破って外へ

アルファ粒子はヘリウム原子核である。不安定な「放射性」の核は、ときどき自分自身をもっと軽い、もっと安定した核に変えるための向こう見ずな試みとしてアルファ粒子を放出する。しかし、この過程は大きな謎をはらんでいる。本来ならば、アルファ粒子は核の外には出られないはずだ。

五メートルの高さの金属のフェンスに囲まれている走り高跳びのオリンピック選手を考えてみよう。彼が走り高飛びの世界最高の選手のひとりであっても、そんなに高いフェンスを飛び越す方法はない。どんな人間もそれだけの脚力をもっていない。原子核のなかにあるアルファ粒子も、よく似た立場に置かれている。それを閉じ込めている障壁は核力によって作りだされ、核の内部ではたらくが、それは走り高跳びの選手にとっての頑丈な金属製のフェンスと同じくらいアルファ粒子が通り抜けることができない障壁である。

しかし、予想に反して、アルファ粒子は原子核から脱出する。そして、脱出できる理由は、波に似た側面によるものである。ガラスブロックにとらえられた光の波のように、それらは明らかに通り抜けできない障壁を通り抜けることができ、外部の世界へ静かに滑り去っていく。

この過程は「量子トンネル」と呼ばれ、アルファ粒子は原子核を「トンネル」すると言われる。トンネルは、実際には「不確定性」として知られる、より一般的な現象の例である。そのために、私たちがミクロ世界について知ることのできることと、知ることのできないことに根本的な限界が課されている。二重スリットの実験は「不確定性」についてのこのうえない実例である。

ハイゼンベルクの不確定性原理

電子のようなミクロな粒子がスクリーン上にある両方のスリットを同時に通過できる理由は、それが二つの波の重ねあわせとして存在できるからである――ひとつの波は一方のスリットを通過する粒子に対応し、もうひとつの波は他方のスリットを通過する粒子に対応している。しかし、これだけではでたらめなふるまいが注目されると保証するには不充分である。というのは、この現象が起こるためには、干渉パターンが第二のスクリーン上に現れなければならないからである。しかし、これにはもちろん、重ねあわせの状態にある個々の波が干渉することを必要とする。干渉は、電子が奇怪な量子的ふるまいを示すためにきわめて重要な要素である。その事実は、自然が私たちに電子について知る機会を与えてくれたために、深遠な意味をもっていることが判明する。

たとえば、二重スリットの実験で、私たちはそれぞれの電子が通過したスリットを見定めようと試みたとしよう。もし成功すれば、第二のスクリーン上の干渉パターンは消え失せる。結局、干渉は二つの事象を融合させる必要があるのだ。もし電子とそれに結びついた確率の波がひとつのスリットだけを通過するとすれば、そこにはたったひとつの事象しかないからである。

実際には、どちらのスリットを電子が通過したかをどう見定めればいいのか？　二重スリットの実験をもう少し見やすくするために、電子をマシンガンから発射された弾丸と考え、スクリーンを二枚の垂直で平行なスリットが設置された厚い金属製のシートと考える。弾丸がスクリーン目がけて発射されるとき、あるものはスリットに入り、通り抜ける。スリットは厚い金属板に開けられた深い溝と考えよう。弾丸は溝の内側の壁で跳ね返り、同様にして第二のスクリーンに到達する。弾丸は第二のスクリーン上のあらゆる場所に当たることは明白である。しかし、わかりやすくするために、弾丸は第二のスクリーンの中央地点に達すると考える。また、わかりやすくするために、ここでは弾丸にイメージを借りた確率の波が強めあうように干渉するとしたら、それは多数の弾丸が浴びせられる場所である。

さて、弾丸がスリットの内部で跳ね返るとき、金属製のスクリーンは反対の方向に跳ね返る。テニスをしているときや速いサーブをラケットからくりだす場合も同様である。あなたのラケットは反対の方向に跳ね返る。重要なのは、スクリーンの跳ね返りは弾丸がどちらのスリットを通過したかを推定するのに用いることができることだ。結局のところ、もしスクリーンが左に動けば、弾丸は左側のスリットを通過したにちがいないし、もし右に動けば、弾丸は右側のスリットを通過したにちがいないのである。

しかし、どちらのスリットを弾丸が通過したかを特定すると、第二のスクリーン上の干渉パターンは破壊される。これは波の視点から簡単明瞭に理解できることだ。ひとつのものがそれ自体と干渉するのを見ることは、片手で叩いた音を聞くことと同じで、ありえそうにない。しかし、これを同じように妥当な粒子の観点から、どうやって筋道を立てて考えればよいのだろうか？

第二のスクリーン上の干渉パターンが、スーパーマーケットのバーコードに似ていることを思い出してほしい。そこには弾丸がまったく当たらない垂直な「縞」と、多数の弾丸が当たる垂直な縞が交互に並んでいる。単純に言うと、黒と白の縞を考えればよい。したがって、鍵を握る質問は次の通り。弾丸の観点から考えて、干渉パターンを破壊するのは何だろうか？

その答は、少しばかり横向きに波形が乱れるというものである。もしそれぞれの弾丸が黒い縞に向かって正確に飛ぶ代わりに、その波形の軌道が少しばかり横向きに乱れるならば、それは黒い縞か隣の白い縞へ向かうことができる。干渉パターンを「ぼかす」には、これで充分であろう。もともと白かった部分は黒くなり、もともと黒かった部分は白くなる。最終的な結果は一様な灰色だろう。干渉パターンはぼかされるだろう。

放たれた弾丸が黒い縞に当たるか、あるいは隣の白い縞に当たるか（あるいはその逆か）を言うことは不可能にちがいないから、個々の弾丸の横向きに波形が乱れる運動は完全に予測不可能にちがいない。そして、スクリーンの跳ね返しによって個々の弾丸がどちらのスリットを通過するかを特定する以外、このことすべては理由なしに認められることになるのである。

言い換えると、電子のような粒子の場所を突きとめる行為そのものは、予測できない波形の乱れをつけ加え、その速度を不確定にする。その反対も同じように真実である。ある粒子の速度を突きとめる行為は、その位置を不確定にする。この効果を最初に認識し、数式で明示したのがドイツの物理学者ヴェルナー・ハイゼンベルクであり、彼を讃《たた》えてハイゼンベルクの不確定性原理と呼ばれている。

不確定性原理によれば、ミクロの粒子は完全な確実性で位置と速度の両方を知ることは不可能である。しかし、そこには交換条件がある。つまり、位置をより正確に突きとめれば、それだけ速度は不明確になる。そして速度をより正確に突きとめれば、それだけ位置は不明確になる。

この条件が日常の世界について私たちが知りうることにも当てはまると仮定しよう。もしジェット機の速さの正確な知識があれば、私たちはそれがロンドンかニューヨークか、どちらの上空を飛んでいるかを言うことはできないだろう。そしてもし飛行機の位置についての正確な知識があれば、それが時速一〇〇〇キロメートルで飛行しているか、それとも時速一キロメートルで墜落寸前か、見分けがつかないだろう。

不確定性原理は量子論を保護するために存在している。もし原子とその同類の性質について不確定性原理が容認する以上に測定できれば、それらの波のふるまい——とりわけ干渉——を破壊するだろう。そして干渉なしで量子論は成り立たない。粒子の位置と速度を不確定性原理が指示するよりも高い精度で測定することは、したがって不可能なのである。ハイゼンベルクの不確定性原理のために、私たちがミクロの世界を詳しく見ようとするとき、新聞の写真を過度に拡大するように曖昧《あいまい》になりはじめる。腹立たしいことだが、自然は私たちが測りたいと思うものすべてを詳細に測定することを容認しないのである。私たちの知識には限界があるのだ。

この限界は単に二重スリットの実験の気まぐれではない。それは基本的なことである。リチャード・ファインマンはこう述べている。「だれひとり不確定性原理を迂回《うかい》する方法を見つけていない（そして考えたことすらない）。もっとも彼らはそうしようともしないが」

アルファ粒子が原子核という一見脱出不能な牢獄を脱出できるのは、それらが波に似た性質をもつためである。しかし、ハイゼンベルクの不確定性原理は、粒子の視点からこの現象を理解できるようにする。

走り高跳び選手による前人未踏の偉業

核のなかのアルファ粒子が高さ五メートルのフェンスで囲まれているオリンピックの走り高跳びの選手に似ていることを思い出してもらいたい。常識で考えれば、核の内部で動きまわっているので障壁を飛び越えるには速さが不充分である。だが、常識は日常生活だけに当てはまり、ミクロの世界には当てはまらない。核の牢獄に捕らえられ、アルファ粒子は空間的にはきわめて局所的である——つまり、その位置はきわめて正確に突きとめられている。ハイゼンベルクの不確定性原理によれば、そのとき、速さは必然的にはなはだ不明瞭になるはずだ。別の言葉で言えば、私たちが考えるよりもはるかに大きくなりうるのだ。そして、もし大きくなれば、あらゆる予想に反して、アルファ粒子は核を飛び越えることができる——オリンピックの走り高跳びの選手が、高さ五メートルのフェンスを飛び越すのに匹敵する偉業である。

フェラーリがガレージの外の世界に出現して驚かせるように、アルファ粒子は牢獄の外の世界に姿を現す。そしてこの「トンネル現象」はすべてハイゼンベルクの不確定性原理に帰因する。しかし、トンネル現象は双方向の過程《プロセス》である。アルファ粒子のような原子を構成している粒子が核の外にトンネル現象で出ていくだけではなく、それらはトンネル現象で入ることもできる。事実、このようなトンネル現象の逆の動きが、大きな謎の説明に役立つ。なぜ太陽が輝くのかという謎である。

太陽におけるトンネル現象

太陽は陽子——水素原子の核——をくっつけて熱を生みだし、ヘリウム原子の核を作る。[*1] この「核融合」は副産物として「核の結合エネルギー」のダム崩壊をもたらすが、これは究極的には太陽から光として現れる。

しかし、水素融合にも問題がある。陽子と陽子をくっつける引力——「強い核力」——は、作用範囲が極端に短い。太陽にある二つの陽子が、その影響下に入り、飛びつきあうには、たがいにものすごく近づきあわなければならない。しかし、二つの陽子は同種の電荷であるため、たがいに激しく反発する。猛烈な斥力に打ちかつためには、陽子はとてつもない速さで衝突しなければならない。実際には、この状態が実現するには核融合が進行している太陽の中核が極度に高温であることを必要とする。

物理学者は太陽が水素融合で燃焼しつづけていると推測されるとすぐに、一九二〇年代、必要とされる温度を計算した。それはおおよそ一〇〇億度だと算出された。だが、これが問題を引き起こした。太陽の中心の温度は約一五〇〇万度にすぎないことが知られていた——大雑把に言って、一〇〇〇倍も低いのだ。当然、太陽はまったく輝かないはずである。そこへ登場したのが、ドイツの物理学者フリッツ・ハウターマンスとイギリスの天文学者ロバート・アトキンソンである。

太陽の中核にある陽子がもうひとつの陽子に近づき、激しい斥力で押し戻されるのは、まるでもうひとつの陽子を取り囲んでいる高い煉瓦の壁に出くわしたかのようだ。太陽の中心部の一五〇〇万度という温度では、陽子はあまりにも動きが遅すぎてその壁を飛び越えることができないように見える。しかし、ハイゼンベルクの不確定性原理がすべてを変えてしまう。

一九二九年、ハウターマンスとアトキンソンは必要な計算をすべておこなった。彼らは一五〇〇万度という超低温にもかかわらず、はじめの陽子がもうひとつの陽子を取り囲む一見飛び越えることのできない障壁をトンネル現象で通過することができ、うまく融合できることを発見した。そればかりか、この発見により、太陽から発生した熱の値も完全に説明できたのだった。

ハウターマンスとアトキンソンが計算を終えた夜、伝えるところによると、ハウターマンスはガールフレンドに歴史上だれもやったことのない方法で印象づけようと試みた。ふたりは月のない夜空の下に立ち、彼は自分のことを星がなぜ光るのかを知っている世界中でただひとりの人間だと自慢した。これは効き目があったにちがいない。二年後、シャルロッテ・リーフェンシュタールは彼との結婚に同意した！（実際には、彼女は彼と二度結婚したが、まあそれは別の話だ）

太陽の光を別にすれば、ハイゼンベルクの不確定性原理はもっと身近なことについても説明した。私たちの身体を形作っている原子の存在そのものである。

不確定性と原子の存在

一九一一年までに、ニュージーランドの物理学者アーネスト・ラザフォードは、ケンブリッジにおける実験で、原子が太陽系のミニチュアに似ていることを明らかにした。小さな電子は、太陽の周りをめぐる惑星にたいへんよく似ており、小型の原子核の周りを軽やかに飛びまわる。しかし、マクスウェルの電磁気理論によれば、軌道を描く電子は光のエネルギーを放射するはずであり、たった一億分の一秒のあいだに螺旋を描いて核に落ち込んでしまう。リチャード・ファインマンが指摘したように、「原子は古典的な立場からは、まったく存在しえない」。だが、原子は存在する。そして量子論を用いれば説明することができる。

電子はあまり核に近づくことができない。なぜかといえば、もし近づけば、空間中の位置が正確に知られすぎてしまうからである。ところが、ハイゼンベルクの不確定性原理によれば、電子の位置が明確になることはその速度が非常に不確定になることを意味する。速さが途方もなく膨大になりうるのである。

小さくなっていく箱のなかにいる怒り狂った蜂を考えよう。箱が小さくなるにつれて、蜂は怒りを増し、もっと激しく牢獄の壁に打ちかかる。これは原子のなかの電子のふるまいにたいへんよく似ている。もし電子が核それ自体のなかに詰め込まれれば、とてつもない速度を獲得するだろう――あまりに速すぎて核のなかに閉じ込めておけなくなるだろう。

なぜ電子が原子核のなかに螺旋を描いて落ち込まないかを説明するハイゼンベルクの不確定性原理は、したがって、私たちの足元の大地がなぜ固いのかを説明する究極の理由である。しかし、この原理は単に原子の存在と物質が固体であることを説明するだけではない。これはなぜ原子がそんなに大きいか――あるいは、少なくともその芯にある原子核よりもはるかに大きいこと――を説明する。

なぜ原子はそんなに大きいのか

標準的な原子が、中心にある原子核よりも約一〇万倍も大きいことを思い出そう。なぜ原子の内部にはそんなにたくさんのなにもない空間があるのかを理解するには、ハイゼンベルクの不確定性原理についてもう少し正確に知る必要がある。厳密に言えば、一〇〇パーセントの確実さで同時に決定できないのは、粒子の位置と運動量である（単なる速度ではない）。

粒子の運動量は、その質量と速度の積である。実際、運動量は動いているものを止めることがいかに難しいかを測る尺度である。たとえば、自動車はたとえ列車より速く動いても、列車のほうが自動車に比べてたくさんの運動量をもっている。原子核のなかの陽子は、電子よりも約二〇〇〇倍重い。それゆえハイゼンベルクの不確定性原理によって、もし陽子と電子が同じ容積に閉じ込められれば、電子は約二〇〇〇倍速く動くだろう。

なぜ原子のなかの電子が、原子核のなかの陽子や中性子よりもはるかに大きな容積のなかを飛びまわれるのか、すでに私たちはうすうす知っている。だが、原子は原子核よりも二〇〇〇倍大きいのではない。一〇万倍も大きいのだ。なぜだろう?

答は、原子のなかの電子と原子核のなかの陽子は同じ力にとらえられていないからである。原子核に関連する粒子は強力な「強い核」力にとらえられている一方で、電子ははるかに弱い電気的な力によってとらえられている。弾力性のある極細の糸でつながっている原子核の周りを飛びまわる電子と、一方で弾力性のある五〇倍も太い紐で縛られている陽子と中性子について考えてみよう。なぜ原子が原子核に比べて、なんと一〇万倍も大きいのかがこれでわかる。

しかし、原子のなかの電子は原子核からある特定の距離で軌道をまわっているのではない。これらはある範囲の距離で軌道をまわることを容認されているにすぎない。このことを説明するには、もうひとつの波のイメージに頼る必要がある——それがオルガンのパイプだ!

原子とオルガンのパイプについて

量子世界の事物を眺めるにはつねにさまざまな方法があり、それぞれがいらいらするほどとらえにくい真実を一瞥《いちべつ》させてくれる。ひとつの方法は、原子の電子と結びついた確率の波を、オルガンのパイプに閉じ込められた音波のようなものと考えることである。オルガンのパイプはあらゆる音を作りだすことはできない。音は限られた数の異なるやりかたでしか、つまり確定した高さや回数でしか振動できない。

これは音に限らず、波の一般的な性質であることがわかっている。閉鎖された空間では、ある特定の確定した振動数でしか存在できない。

さて、原子のなかの電子を考えてみよう。それは波のようにふるまう。そして原子核の電気力によって固く結びついている。この結びつきは物理的な容器における仕掛けとは、厳密には同じではないかもしれない。しかし、オルガンのパイプの壁が音波を確実に閉じ込めるように、この結びつきが電子の波を閉じ込めるのである。したがって、電子の波はある一定の振動数でしか存在できない。

オルガンのパイプのなかの音波の振動数と原子のなかの電子の波の振動数は、オルガンのパイプの特徴——たとえば、小さなオルガンのパイプは大きなオルガンのパイプより高い音を出す——と原子核の電気力の特徴によって決まる。一般に、もっとも低い、すなわち基本的な振動数と一連のもっと高い振動数、すなわち「倍音」がある。

より高い振動数の波は、与えられた空間内にたくさんの山と谷をもっている。それは変動が多く、より激しい。原子の場合には、このような波はすばやく動く、より活発な電子に対応する。そして、それよりすばやく動く、もっと活発な電子は、原子核の電気的な引力をものともせずに拒み、遠く離れた軌道をめぐることができる。

こうして生まれたのは、原子核からある一定の特殊な距離でだけ軌道をまわることが許される電子のイメージである。これは太陽系とはぜんぜん似ていない。そこでは地球のような惑星は、原則として、太陽からどんな距離でも軌道を描くことができるのである。

これこそが原子のミクロ世界と日常世界とのもうひとつの重要な違いを浮き彫りにしている。日常世界ではすべてのことが連続的である——惑星は思い通りの軌道で太陽をめぐり、人間は思い通りの体重になることができる。これに対して、ミクロ世界は不連続である——電子は原子核をある一定の軌道でまわることでしか存在できないし、光と物質は一定の分割不能なかたまりとしてしか現れない。物理学者はこうしたかたまりを「量子」と呼んでいる——ミクロ世界の物理学が「量子論」として知られるのはそのためである。

原子のもっとも内部にある電子の軌道は、ハイゼンベルクの不確定性原理によって決められている——狭い空間に閉じ込められていることに対して、電子はものすごい勢いで抵抗する。しかし、ハイゼンベルクの不確定性原理は、原子のように小さなものが際限なく収縮すること

――究極的には物質の固体性を説明すること――を単に妨げるだけではない。それは途方もなく巨大なものもまた際限なく収縮することを妨げているのである。問題の途方もなく巨大なものとは、星のことである。

不確定性と星

星は気体が集まった巨大な球であり、それ自体の物質の重力によってまとめられている。その引っ張る力はたえず星を収縮させ、支えるものがなければ、きわめて急速に潰《つぶ》れて単なる斑《はん》点《てん》――ブラックホール――になってしまうだろう。太陽の場合、それには半時間もかからないだろう。太陽が斑点に収縮しないことはきわめてはっきりしているので、重力を打ち消すもうひとつの力がはたらいているはずである。たしかにある。それは内部の熱い物質から来る。太陽は、他のあらゆる通常の星と並んで、デリケートな均衡がとれている状態にあり、重力の内向きの力が熱い内部の外向きの力と正確に拮抗《きっこう》している。

しかし、この均衡は一時的なものである。外向きの力は燃やせる燃料があり、星を熱く保てるあいだだけ維持することができる。遅かれ早かれ、燃料は使い果たされるだろう。太陽の場合、あと約五〇億年でそれが起こるだろう。そうなったときには、重力が王者になるだろう。拮抗するものがなくなり、星は押しつぶされ、どこまでも小さく縮んでいくだろう。

しかし、すべてが失われるのではない。密度の高い、熱い星の内部では、スピードの速い原子のあいだで頻繁に激しい衝突が起こり、それらから電子をはぎ取るだろう。これが「プラズマ」を作りだす。プラズマとは、原子核の気体が電子の気体と混ざったものだ。このちっぽけな電子が、急速に縮む星を救いに意外にも駆けつける。星の物質の電子がますますぎっしり詰め込まれるにつれて、電子はハイゼンベルクの不確定性原理のために、前にもまして激しく騒ぎたてる。電子は自分たちを閉じ込めようとするものは何でも壊そうとし、この集団的なぶち壊しが結果としてとてつもなく大きな外向きの力を生じる。最終的に、星の収縮を遅らせ、止めるのに充分になる。

重力の内向きの引力が、星の熱い物質による外向きの力とではなく、電子の裸の力と釣りあうことで、新しい平衡が達成される。物理学者はそれを「縮退圧力」と呼んでいる。しかし、それは極度に密着するほど収縮させられた電子が示す抵抗に対する、気まぐれな用語にすぎない。重力に対抗して電子の圧力で支えられている星は「白色矮星《わいせい》」として知られる。地球よりも少しだけ大きく、星の以前の体積のおよそ一〇〇万分の一を占めている白色矮星は、極端に密度が高い。角砂糖一個の物質でも、重さは車と同じだ！

ある日、太陽は白色矮星になるだろう。このような星は、失った熱を補給するすべがない。それは星の燃えかす以外のなにものでもない。無情に冷めていき、次第に色褪せて、見えなくなってしまう。しかし、電子の圧力によって白色矮星が自分自身の重力で収縮するのを妨げるには限界がある。星が重ければ重いほど、その星のもつ重力は強くなる。もし星が充分に重ければ、その重力は星の電子の執拗《しつよう》な抵抗さえも打ち負かせるほど強力になるだろう。

実際、星は外側と内側の両方から破壊される。星の重力が強ければ強いほど、内部の気体は押しつぶされる。そして気体がもっと圧縮されれば、自転車の空気入れを使ったことのある人ならだれでも知っているように、それだけ気体は熱くなる。熱は物質のミクロな振動にすぎないので、星の内部の電子は前にもまして激しく飛びまわる――実際、あまりにも速いので、相対性理論の効果が重要になるほどだ。[*2] 電子は速さを増すよりはますます重さを増す。そのため、電子は牢獄の壁を叩く効果が小さくなる。

星は二重の致命的な打撃をこうむる――強い重力に押しつぶされること、さらに同時にそれを跳ね返す能力を奪われることである。二つの効果が組みあわされることにより、もっとも重い白色矮星でも太陽よりわずか四〇パーセントだけ重いことを確実にする。もしある星がこの「チャンドラセカール限界」より重ければ、電子の圧力は一気に崩壊へと向かうのを止めるには無力であり、ひたすら収縮を続けるだろう。

しかし、もう一度くり返すが、すべてが失われるのではない。結局、星はものすごく縮んでいき、小さな容積に閉じ込められることをあれほど嫌っている電子は、実際には原子核のなかに圧縮されてしまうのである。そこで電子は陽子と反応して中性子を形成するので、星全体がひとつの巨大な中性子のかたまりになってしまう。

物質のすべての粒子は――単に電子だけでなく――ハイゼンベルクの不確定性原理のために閉じ込められることには抵抗することを思い出そう。中性子は電子より何千倍も重い。したがって、目立った抵抗をしはじめるには何千倍も小さな体積に圧縮される必要がある。実際、星の収縮を最終的に止める前に、事実上それらが触れあうところまで押しつぶされる必要がある。「中性子縮退圧力」により重力に対抗して支えられた星は「中性子星」として知られる。事実、それは巨大な原子核であり、すべてのなにもない空間は物質から搾りだされている。原子は大部分がなにもない空間であり、核はそれを取り囲む軌道上の電子の雲より一〇万倍も小さいので、中性子星はふつうの星よりも一〇万倍も小さい。そのため、それらは直径約一五キロメートルしかなく、エヴェレスト山よりさして大きくはない。中性子星はたいへん高密度なので、角砂糖一個分で人類全体の重さと同じである（もちろん、これは私たち全体にどれだけなにもない空間があるかを説明するための比較にすぎない。それをすべて搾りだせば、人類はあなたの手の上に乗るだろう）。

このような星々は猛烈な「超新星」の爆発によって形作られたと考えられる。星の外部領域は空間のなかに吹き飛ばされ、内部の核は収縮して中性子星を形作る。小さくて冷たい中性子星は、所在をつきとめるのが難しいはずだ。しかし、中性子星は生まれながらにしてとても高速で回転しながら、電波を放出して世界を照らす灯台を作りだす。このように脈動する中性子星、すなわち純然たるパルサーは、天文学者に手旗信号でその存在を知らせているのである。

不確定性と真空

白色矮星と中性子星を別にすれば、おそらくハイゼンベルクの不確定性原理のもっとも注目すべき結論は、なにもない空間の近代的なイメージであろう。それはただ単に空虚であることなどありえない。

ハイゼンベルクの不確定性原理は再定式化されて、粒子のエネルギーとそれが存在してきた時間の間隔を同時に測定することは不可能であると言い直すことができる。その結果、もし非常に短い時間のあいだに、なにもない空間のある領域で起こることを考えれば、その領域のエネルギー容量には大きな不確定性があることになるだろう。別の言葉で言えば、エネルギーは無から現れることも可能なのだ!

さて、質量はエネルギーの一形態である。[*3] これは質量もまた無から現れることも可能であることを意味する。その条件は、質量が再び消えてしまう前に、ごくほんの一瞬だけ現れることができる、というものだ。自然の法則は、通常、なにもないところから事物が現れるのを妨げることだが、ここではあまりにすばやく起きる出来事には見て見ぬふりをするらしい。それは夜明け前に車をガレージに戻しさえすれば、夜間に息子が借りだしても気がつかないティーンエイジャーの父親に似ている。

実際、質量はなにもない空間からミクロな粒子の形で物質を出現させる。「量子真空」は実際には、電子がポンと現れて再び消えるミクロの粒子の沸きたつ湿地のようなものである。[*4] そしてこれは単なる理論ではない。実際に観察可能な結果があるのである。嵐のような量子真空の海は、実際には原子の外側をまわる電子を打ちのめし、それらが放つ光のエネルギーをごくわずかに変える。[*5]

自然の法則が、なにかが無から出現することを認めるという事実からは、宇宙の起源について考える宇宙論研究者といえども逃れることはできない。宇宙論研究者は、全宇宙が真空の「量子ゆらぎ」以上のなにものでもないことに驚いているが、そんなことがありうるだろうか。それは突拍子もない考えだ。

＊1　第8章「$E=mc^2$ と太陽光線の重さ」を参照。
＊2　第7章「空間と時間の死」を参照。

＊3　第8章「$E=mc^2$ と太陽光線の重さ」を参照。
＊4　実際には、作られたそれぞれの粒子は、反粒子、つまり反対の性質をもつ粒子と並んで作られる。そのために、負に帯電した電子は、つねに正に帯電した「陽電子」を伴って作られる。
＊5　この効果は「ラム・シフト」と呼ばれる。

5　テレパシーが飛びかう宇宙

スコット、私を転送装置で送ってくれ。

ジェイムズ・T・カーク船長

コインがまわっている。コインは大洋の深い海溝の底の泥のなかに埋もれた頑丈な箱のなかに置かれている。何がコインをまわしているのか、あるいは何がコインをまわしつづけているのか、訊いてはならない。それは考え抜かれた物語ではない！　重要なのは、まったく同一の回転しているコインが、はるかな宇宙の反対側の遠い銀河にある冷たい月面上に置かれている同じ箱のなかに存在していることだ。

最初のコインは「表」を出す。即座に、間髪《かんぱつ》を容れず、地球から一〇〇億光年離れたその相棒は「裏」を出す。

地球上のコインが「裏」を出し、遠方にあるその相棒が「表」を出すのでもよかった。それは大切なことではない。重要なのは、宇宙の遠い果てにあるコインが、遠く離れた地球の相棒の状態をたちどころに知ることである——そして、その反対のことをなすのである。

どうやってそのことを知りえたのだろうか？　私たちの宇宙の速さの限界は、光の速さである。[*1] コインは一〇〇億光年隔てられているのだから、一方のコインの状態に関する情報は、最短でも他方のコインに到達するまでに一〇〇億年かかる。だが、これらのコインにはたがいに間髪を容れずにわかるのである。

この種の「幽霊遠隔作用」は、ミクロ世界のもっとも際立つ特徴のひとつであることが判明している。それはアインシュタインをあまりに動転させたので、彼は量子論が間違っているにちがいないと宣言した。実際には、アインシュタインが間違っていた。

過去二〇年間に、物理学者は大きな距離で隔てられたコインのふるまいを観測してきた。コインは「量子コイン」であり、距離は言うまでもなく、宇宙の幅ほどには大きくない。[*2] それにもかかわらず、実験は光の速さという障壁を完全に破って、原子とその仲間たちが実際に瞬時に交信できることを証明した。

物理学者はこの奇怪な種類の量子テレパシーを「非局所性」と名付けた。それを理解するもっともよい方法は、「スピン」と呼ばれる奇妙な粒子の性質を考察することである。

幽霊遠隔作用

スピンはミクロ世界に独特のものである。スピンをもつ粒子は、あたかも小さな独楽《こま》が回転しているようにふるまう。もっとも粒子は実際にはスピンしていない！　ここで再び私たちは、ミクロ世界の根本的なとらえにくさに直面させられる。ミクロ世界が本来もつ予測不能性と同じように、粒子のスピンは日常世界には直接類推できるものをもたない。ミクロの粒子は異なる大きさのスピンをもつことができる。電子はたまたま最小の大きさである。このことがスピンに二通りのありかたを可能にしている。それを時計まわりのスピンと反時計まわりのスピンと考えてみよう（もちろん、実際にはぜんぜんスピンしていない！）。

もし二つの電子がいっしょに作られ、第一の電子が時計まわりのスピン、第二の電子が反時計まわりのスピンとすれば、それらのスピンは打ち消しあう。物理学者はスピンの総量が0であると言う。もちろん、第一の電子が反時計まわりのスピンで、第二の電子が時計まわりのスピンをもてば、電子の対《つい》もまたスピンの総量は0である。

さて、このようなシステムでは、スピンの総量は不変であるとみなす自然法則がある（これは実際には、角運動量保存の法則と呼ばれている）。そこで、いったんスピンの総量が0である電子対が作られれば、電子対が存在しているかぎり、それらのスピンは0に留まるだろう。

ここには通常から外れたものはなにもない。しかし、スピンの総量が0である二つの電子を作るには、もうひとつの方法がある。もしミクロなシステムの二つの状態が可能であれば、二つの重ねあわせも可能であることを思い起こそう。これは同時に、時計まわり－反時計まわりと、反時計まわり－時計まわりという電子対を作ることが可能であることを意味する。

それが何だというのか？　このような重ねあわせは電子対が状況から孤立したあいだだけ、存在できることを覚えているだろう。外部の世界が重ねあわせと相互作用する瞬間——そしてその相互作用は電子がおこなっていることをだれかが調べているのでもいい——デコヒーレンスが起こり、重ねあわせは壊される。でたらめな状態ではもはや存在できないので、電子は時計まわり－反時計まわりか、または反時計まわり－時計まわりのどちらかに突然移行してしまう。

いままでのところは、通常から外れるものはなにもない（少なくともミクロの世界では！）。しかし、電子がでたらめな状態で作られた後、それらは孤立したまま残され、だれも注視しないことを想像してほしい。その代わり、ひとつの電子が箱のなかから取り去られて遠い場所にもっていかれる。そのときになってから、だれかが最終的に箱を開けて、電子のスピンを観察する。

もし遠い場所にある電子が時計まわりのスピンをもっていると判明すれば、瞬時に他方の電子がでたらめな状態であることをやめて、反時計まわりのスピンをとるだろう。結局のところ、スピンの総量はつねに0でなければならない。もし他方では、電子が反時計まわりにスピンしていると判明すれば、その相棒は瞬時に時計まわりのスピンをとらねばならない。

ひとつの電子が鋼鉄の箱に入れられたまま海底に半ば埋もれており、もうひとつの電子が遠方の宇宙の果てに置かれた箱のなかであったとしても問題ではない。一方の電子は瞬時に他方の電子の状態に応答するだろう。これは単なる難解な学説ではない。瞬時に影響するさまは、実際に実験室で観察されているのだ。

一九八二年、パリ南大学のアラン・アスペと彼の同僚たちは光子対を作り、それぞれの対の片割れを一三メートル隔てて置かれた検出器に送った。検出器は光子の「偏極」を測定した。偏極とはスピンに関連した特性である。アスペのチームは、ひとつの検出器で光子の偏極を測定することが、他の検出器で偏極を測定することに効果を及ぼすことを示した。検出器のあいだを伝わる影響は、一〇ナノ（ナノは一〇億分の一）秒以下でおこなわれていた。重要なのは、これが光線が一三メートルの隔たりを乗り越えるのにかかる時間の四分の一だったことである。

ぎりぎりの最小限で、なんらかの種類の影響が、検出器のあいだを光速の四倍の速さで伝わったことになる。もし、技術のおかげでもっと小さな時間間隔を測定することが可能になったなら、アスペはもっと速い幽霊のような影響を示すことができただろう。量子論は正しかった。

そしてアインシュタインは——彼に祝福あれ——間違っていたのだ。

非局所性は、通常の非量子世界ではけっして起こらない。空気のかたまりは二つの大竜巻《トルネード》に分かれることがある。ひとつは時計まわりにスピンし、もうひとつは反時計まわりにスピンする。しかし、そのまわりかたを保ち——つまり、反対方向にスピンしながら——最後には両方とも活力を失う。ミクロな量子世界との決定的な違いは、粒子のスピンはそれらが観測される瞬間まで未決定だということである。そして、対になるひとつの電子のスピンが観測される前には、完全に予測不可能なのである。時計まわりである確率が五〇パーセントで、反時計まわりである確率が五〇パーセントなのだ（またしても、ミクロ世界のむき出しのランダムさに直面させられる）。だが、たとえ観測されるまで、ひとつの電子のスピンを知る方法がなくても、他方の電子のスピンは——他方の粒子に起こったことが、どんなに遠く離れた出来事だとしても——瞬時に、反対のものに落ち着かねばならない。

絡みあい

非局所性の中心にあるのは、たがいに相互作用する粒子がもつれあい、「絡みあう」ようになることで、そのため、一方の性質が他方の性質に永久に左右される。電子対の場合には、たがいに左右されるのは、それらのスピンである。身近な例にたとえると、絡みあった粒子はもはや別個の存在であることを止める。熱愛中のカップルのようなもので、彼らは一心同体の存在だ。どれだけ遠く離れても、彼らは引きあっており、永遠に「連結」しているのである。

絡みあいのもっとも奇怪な現れは、疑いもなく、非局所性である。実際、もし非局所性を利用できれば、即時の交信システムが作製可能であるように思われる。それを用いれば、時間の遅れもなく、地球の反対側に電話ができるだろう。それどころか、宇宙の反対側にも時間の遅れなしに電話ができるだろう！　私たちはもはや光速という厄介な障壁に悩まされなくなるだろう。

ところが、苛立《いらだ》たしいことに、非局所性は即時の交信システムを作るのに利用できないのである。遠距離間にメッセージを送るために粒子のスピンを利用する試みは、ひとつのスピンの方向に「0」をコードさせ、他方に「1」をコードさせることである。しかし、「0」あるいは「1」を送っていることを知るためには、粒子のスピンを調べなければならない。しかし、調べることは、瞬時の効果にとって不可欠な状態である重ねあわせを失わせる。もし粒子のスピンを最初に見ることなくメッセージを送れば、たった五〇パーセントしか「1」を送ることはできないので、このレベルの不確実性では、いかなる意味のあるメッセージも実際上はごたまぜになるだろう。

このように即時の影響は私たちの宇宙の基本的な特性であるとはいえ、まさに自然が意味のある情報を送れなくしていることが判明するのである。このようにして、光速という障壁を実際には破ることなしに、突破することが認められた。自然は一方で与え、他方で残酷に取り去る。

テレポテーション

議論の余地はあるが、「絡みあい」のもっとも魅力溢れる可能性に富んだ利用法は、ある対象を選びだし、対象となった情報の詳細を遠隔地へ送ることである。そうすると、他方の末端に設置された最適で性能のよい装置によって、完璧な複製を構築することができる。これはもちろん、惑星と宇宙船のあいだを、乗組員たちが日常的に「転送され」て往き来している『スター・トレック』の転送装置を作るための方法である。

固体の物質を、ただそれについて記述された情報から再構成する技術は、もちろん私たちの現在の技術能力を超えている。しかし、実際には、遠く離れた場所で対象の完全な複製を作るというアイデアは、これよりもずっと基礎的なもので失敗している。ハイゼンベルクの不確定性原理によれば、ある対象——すべての原子、それらの原子のなかのそれぞれの電子の位置など——を完全に記述することは不可能である。しかし、このような知識なしで、どうやって正確な複製が組み立てられるのか？

「絡みあい」が、驚くべきことに打開策を提供する。絡みあった粒子は単一の分割不可能な実体に似たふるまいをするというのがその理由である。あるレベルでは、それらはおたがいのもっとも深い秘密を知っている。

たとえば、私たちがひとつの粒子Pをもっており、その粒子の完全な複製P★を作りたいとする。完全な複製を作るためには、粒子Pの特性を知る必要があるのは当然だ。しかし、ハイゼンベルクの不確定性原理によれば、粒子Pの特性——たとえば位置——を正確に測定すれば、私たちはその他の特性——この場合は速度——についての情報をすべて失わざるをえない。その逆も成り立つ。それにもかかわらず、この不自由な制約は絡みあいを巧妙に利用することによって回避できる。

もうひとつの粒子Aを取りあげよう。これはPとP★の両方に似ている。重要なことは、AとP★は絡みあう対だということである。さて、粒子Aと粒子Pを絡ませあい、ともに対になった状態を測定する。この実験により、粒子Pの特性がいくらか解明されるだろう。しかしながら、ハイゼンベルクの不確定性原理によれば、この測定によって粒子Pのその他の特性についての情報を失わざるをえないだろう。

だが、すべてが失われるのではない。P★はAと絡みあっているので、Aに関する情報を保っている。AはPと絡みあっているので、Pに関する情報を保っている。そして、これはP★が、

Pに一度も触れていないにもかかわらず、その秘密を知っていることを意味する。さらに、AとPをいっしょに測定して、Pのある特性についての情報が失われたように思われたとき、即座にAの対としてのP★を利用するようになった。これが絡みあいがもたらす奇跡である。

私たちはAから獲得したPについてのその他の特性はすでに知っているので、いま必要とされるすべてはP★が厳密にPの特性をもっているかを確認することだ。[*3] それゆえ、私たちはハイゼンベルクの不確定性原理の制約を回避するために絡みあいを利用する。

驚くべきことに、私たちは厳密に粒子Pの特性をもつP★を作ることに絡みあいを利用したが、Pの特性を失うことについての情報をいままで一度も得たことがない！　それは絡みあいの幽霊的連結を通して、目に見えないところから伝達される。[*4]

この図式をテレポテーションと呼ぶのは、少々図々しい。というのは、それは『スター・トレック』の転送装置を作るためのたくさんある問題のひとつを解いたにすぎないからである。研究者はもちろんこのことを知っている。しかし、彼らはまた新聞の見出しで印象づける方法について、ひとつやふたつは心得ているのである。

たまたま、『スター・トレック』に出てくる転送装置のアキレスの踵《かかと》は、人体におけるそれぞれの原子の位置を見定めることでも、その情報から人間の複製を組み立てることでもないと判明する。それは実際には、空間を超えて人間を記述するのに必要な全容量の情報を伝達することだ。二次元のテレビ映像を再構成するのに比べて何十億倍もの情報が必要となる。情報を送るためのわかりやすい方法は、二進法の「ビット」——ドットとダッシュ——である。もし情報を手頃な時間内で送るならば、パルスは明らかに短くしなければならない。しかし、極端に短いパルスは極端に高いエネルギーの光だけが可能である。SF作家アーサー・C・クラークが指摘しているように、カーク船長を転送することは、小さな銀河にある星々よりも大きなエネルギーをおそらくは要するだろう！

テレポテーションと非局所性はさておき、絡みあいのもっともめくるめく結論は、全体としての宇宙が意味するものである。一時期、宇宙のすべての粒子は、同じ状態にあった。なぜなら、すべての粒子はビッグバンのときにはいっしょだったからである。結果として、宇宙のすべての粒子は、ある程度、たがいに絡みあっていたのである。

宇宙には幽霊のような量子連結の網が縦横にかけられており、あなたと私をもっとも遠い銀河にある最後のひとかけらの物質に結びつける。私たちはテレパシー的な宇宙に住んでいる。

これが実際に意味することは、物理学者にはまだ理解できないのだ。

絡みあいは、量子論によって提出された未解決の問題を解明するのにもまた役立つかもしれない。つまり、日常世界はどこから来たのか？

日常世界はどこから来たのか

量子論によれば、奇怪な重ねあわせの状態は、可能であるだけでなく確実なものである。原子は多くの場所に同時に存在し、あるいは多くのことを同時におこなう。ミクロ世界における数多くの奇想天外な現象を直接に導くのは、これらの可能性のあいだの干渉である。しかし、多数の原子が協力して日常の物体を作るとき、これらの物体が量子的なふるまいをけっして示さないのはなぜだろう？　たとえば、樹木はけっして二つの場所に同時に存在するかのようにはふるまわないし、動物はあたかもカエルとシマウマの結合物のようにはふるまわない。

この難問を最初に解明しようとしたのは、量子論の先駆者、コペンハーゲンのニールス・ボーアで、一九二〇年代のことだった。コペンハーゲン解釈は、事実上、宇宙を異なる法則に支配されている二つの領域に区分する。一方では、量子論に支配されている非常に小さいものの領域があり、他方には、ふつうの、すなわち「古典的な」法則に支配されている非常に大きなものの領域がある。コペンハーゲン解釈によれば、原子に似た量子的物体が古典的物体と相互作用するときには、でたらめな重ねあわせであることをやめざるをえず、筋の通ったふるまいをしはじめる。古典的物体は検出器でも、さらには人間でもいい。

しかし、量子的物体に量子的であることをやめさせるには、古典的物体は正確には何をすればよいのだろうか？　さらに重要なのは、古典的物体を構成しているのは何だろうか？　結局のところ、目は原子の大きな集合体にすぎず、個別的には量子論に従う。これがコペンハーゲン解釈のアキレスの踵であることが判明し、日常世界がどこから来るのかについての説明が、つねに多くの人にたいへん不満足に思われてしまう理由である。

コペンハーゲン解釈は宇宙を恣意的に二つの領域に分けるが、そのうちの一方だけが量子論に支配されている。このことはそれ自体、とても敗北主義的である。なんといっても、量子論が実在の根本的な記述であるとすれば、たしかにそれはどこでも——原子の世界と日常世界の両方に——適用できるはずではないだろうか。きわめて簡潔に言えば、この考えかたこそが、物理学者が今日、信じている普遍的理論である。

私たちには、量子システムをけっして直接に観測できないことが判明している。私たちは環境に対する効果だけを観測している。これは測定装置、あるいは人間の目、あるいはもっと一般的に宇宙であるかもしれない。たとえば、対象から来る光が目の網膜にぶつかり、そこに痕跡を残す。観測者が知っていることは、観測者が何であるかとは分離できない。さて、もし量子論がいたるところに適用されるとすれば、私たちは別の量子的物体を観測したり、記録している量子的物体をもっていることになる。したがって、重要な質問をもう一度述べよう。なぜ奇怪なでたらめな状態は、環境自体に特性を付与しないのか、あるいは、それ自体が環境と絡みあいをもたないのか。ところが、毎日、ある場所のある時刻には、そうしているのだ。ひとつの例が役に立つかもしれない。
高速度で原子を構成する粒子が空気中を飛べば、すぐ近くを通過する原子から電子を叩きだす。電子の飛んだ跡を一〇センチメートル見ることができるとしよう。そして、その一〇センチメートルのあいだに、粒子は五〇パーセントの確率でひとつの電子と相互作用をし、それを親原子から蹴りだすとする。

したがって、粒子は電子を叩きだすか、あるいは叩きださないかのどちらかである。しかし、電子を叩きだす出来事は量子的な出来事であるから、そこにはもうひとつの可能性――二つの出来事の重ねあわせ――がある。粒子は電子を叩きだすことと電子を叩きださないことのどちらもおこなう！　問題はこれである。この出来事が環境と絡みあったとき、なぜそれは消すことのできない痕跡を残さないのだろうか？　運のいいときには、電子の放出という出来事を「霧箱」という巧妙な装置で実際に見ることができる。

気温が下がり、水蒸気から小さな水滴が凝縮するとき、空気中に雲ができる。しかし、もし空気中に塵《ちり》の粒子のようなものがあるときだけは、この過程は急速に起こる。これらは「種」として、その周りに小さな水滴が成長するように作用する。さて、種――これは霧箱が作用する雲にとっての鍵となる――は必ずしも塵の粒子くらいの大きさである必要はない。実際には、電子を失った単独の原子――「イオン」――が必要なだけだ。

霧箱がとらえた電子の放出〔有限会社ラド提供〕

霧箱は水蒸気で飽和状態になった箱であり、側面にはなかを覗くための窓が付いている。重要なのは、水蒸気が超高純度であるため、蒸気がまつわりついて凝縮できる種がないことである。蒸気は一心不乱に小さな水滴を作る状態を保っているが、種がないため徒労に終わる。そこへ高速の原子を構成する粒子を入れる。そこで粒子が原子から電子を叩きだすと、イオンの周りに小さな水滴が立ちどころに成長するだろう。水滴は小さいが、うまく照明を当てれば霧箱の窓を通して眺められるほどの大きさがある。

では、窓を通して眺めたとき、何が見えるだろうか？　答はもちろん可能性のひとつでしかない――単独の水滴があるか、あるいは水滴がないかである。両者の重ねあわせはけっして見られないだろう――半分存在し、半分存在しないというどっちつかずの幽霊水滴は見られない。問題はこれである。霧箱のなかで何が起こり、この重ねあわせを記録することを阻止しているのか？

小さな水滴が形成される出来事について考えよう。単独のイオン化された原子が誘因となった。水滴が形成されない出来事には、同じ原子が存在する。単にイオン化されないので、その周りには水滴はできない。たとえば、この原子は目立たせるために、どちらの場合にも赤く塗る（原子に色塗りできないことをお忘れなく！）。

この出来事で水滴ができたので、次は、赤い原子の近くにある原子について掘りさげて考えてみる。水は水蒸気よりも密度が高く、原子はもっと密集している。その結果、問題の原子は水滴ができない場合よりも、赤い原子のより近くに位置する。この理由により、水滴ができる場合の原子を表している確率の波は、水滴ができない場合の同じ原子の確率の波と部分的にだけ重なりあう。たとえば、両者の波が半分だけ重なりあうのである。

では、水滴ができる場合で、別の原子について考えてみよう。それも水滴ができる場合の方が水滴ができない場合よりも近いだろう。再び両者の確率の波は半分だけ重なりあうだろう。ここで二つの原子をいっしょにして表す確率の波について考えれば、$1/2 \times 1/2 = 1/4$となるので、わずか四分の一だけが水滴ができない場合と重なりあうだろう。

これは何を意味しているのか？　たとえば、水滴は一〇〇万個の原子を含んでおり、これらは実際には非常に小さい水滴に対応する。水滴ができる場合に一〇〇万個の原子を表す確率の波は、水滴ができない場合には一〇〇万個の原子を表す確率の波とどれだけ重なりあうだろうか？　答は$1/2 \times 1/2 \times 1/2 \times \cdots\cdots$一〇〇万回である。これは極端に小さい数だ。したがって、実質的にはゼロの重なりがあるだろう。
しかし、もし二つの波がまったく重なりあわなかったら、それらはどのようにして干渉することができるのか？　答はもちろん、干渉できない。しかし、干渉はすべての量子現象の根底にある。もし二つの出来事のあいだの干渉が不可能ならば、私たちが見るのはある出来事か、その他の出来事のどちらかであるが、ある出来事とその他の出来事の結果が混ざりあうことはけっしてないという量子らしさの本質を目にするのである。

重なりあわず、それゆえ干渉できない確率の波は、コヒーレンスを失った、あるいはデコヒーレンスを起こしたと言われる。デコヒーレンスは環境――これはつねに多数の原子から成る――における量子の出来事の記録が、なぜ絶対に量子ではないかの究極的な理由である。霧箱の場合には、「環境」はイオン化された原子／イオン化されていない原子の周りを、一〇〇万個の原子が取り囲んでいる。しかし、一般には、環境は宇宙の無数といってもよい一抒（一〇の二四乗）の原子で構成されている。したがって、デコヒーレンスは出来事の可能性の波と環境とが絡みあったあいだの重なりを破壊するのに大いに効果的である。そして、それこそが私たちが確率の波を経験できる唯一の方法であるので――観測者が知っていることは、観測者が何であるかとは分離できない――私たちはけっして直接的に量子のふるまいを見ることはない。

＊1　第7章「空間と時間の死」を参照。

＊2　実際、量子コインはいっしょに作られる必要があり、それから幽霊遠隔作用を検証するために離して置かれた。それにはもうひとつの理由があり、宇宙の異なる側に置かれたコインの話をあまり真に受けすぎないようにするためである。指摘されているように、それは考え抜かれた物語ではない。それは単にひとつの驚くべき真実を伝えるために存在する。たったひとつの驚くべき真実とは、量子論はたとえ宇宙の反対側に置かれていても、物質が瞬時におたがいに影響しあうことを認めることである。

＊3　元の粒子Pの情報は、通常の手段によって伝達されたのかもしれない——つまり、宇宙の速さの限界である光速よりも遅かった。だから、PとP★は遠く離されると、絡みあう粒子AとPのあいだの伝達は瞬時であるにもかかわらず、新たに作られたP★——Pの完全な複製——への伝達は瞬時ではない。

＊4　まさに絡みあいにより、あなたがいつもおこなうことができたほとんどのことは、実物《オリジナル》を損なうという代償を支払って物体を複製しているということは特筆するに値する。複製を作り、実物を保存することは不可能である。

6　同一性と多様性の根源

ある朝、目覚めると、私の所持品はそっくり盗まれており、精密な複製で置き換えられていた。

スティーヴン・ライト

人々はいたるところからそれを見にやってきた——丘を駆けあがる川をだ。川の流れは漁港を乗り越え、密集した家々のかたわらを駆けあがり、羊が点在している山腹をうねりながら、町を見下ろす岩だらけの山頂にたどり着いた。驚いたカモメがあちこち動きまわる。興奮した子供たちが並んで走る。そして、川の下流の岸に沿って屋外パブのピクニック用テーブルがずらりと並び、日帰り旅行客は、ビールがグラスの表面を着実に上がり、静かに空けていくという自然の驚異に、すわったまま呆然としていた。

本当に、このように重力を拒み、丘を駆けあがる液体はないのだろうか？　驚くべきことに、それがあるのだ。これは量子論のもうひとつの結果である。

原子とその仲間は、朝飯前に多くの不可能なことをやってのける。たとえば、それらは同時に二つ、あるいはそれ以上の場所に存在し、突破できないはずの壁を通り抜け、宇宙の反対側の果てにいても即座におたがいについて知ることができる。それらはまた完全に予測不可能であり、なんの理由もなしにおこなわれている——おそらくすべての特徴のなかで、もっとも衝撃的かつ動揺させるものであろう。

これらの現象はすべて、究極的には電子、光子、その仲間たちの波‐粒子の特性から生じている。しかし、それらを日常の物体とまったく異なるものにしているのは、ミクロ世界の物体がもつ奇妙な二重の性質だけではない。そこには他のものもある。つまり、見分けがつかないのだ。すべての電子は他のすべての電子と同一であり、すべての光子は他のすべての光子と同一である等々。[*1]

一見しただけでは、これは非常に特異な性質のように見えないかもしれない。しかし、日常世界の物体について考えてみよう。同じ車種で色も同じな二台の自動車は同じに見えるが、実際には同じではない。注意深く調べれば、塗料の吹き付け、タイヤの空気圧、その他、無数の小さな項目で微かに異なることが明らかになるだろう。

これを非常に小さいものの世界と対照させてみよう。ミクロ世界の粒子は、どんなことをしても引っ掻《か》き傷や印を付けられない。電子に入れ墨することはできない！　完全に識別不能なのである。[*2] 同じことが光子とすべての他のミクロ世界の住人にも言える。この識別不能性はこの世でまったく新しいなにかである。そして、そのことはミクロ世界と日常世界の両者にとって驚くべき重要性をもっている。事実、私たちの住んでいる世界が可能である理由がこれであると言うこともできるのだ。

干渉を離れて物事は語れない

多くの場所に同時に存在する原子の能力のように、ミクロの世界のあらゆる奇怪なふるまいは、干渉によるものであることを思い出そう。たとえば、二重スリットの実験では、左側のスリットを通過する粒子に対応する波と右側のスリットを通過する粒子に対応する波のあいだの干渉が、二番目のスクリーン上に明と暗の帯が交互に並んだ特徴的な模様を生みだす。

もし、どちらのスリットを粒子が通過するかを決定するなんらかの方法を作りだし、二つの異なる出来事を区別することができれば、干渉縞はデコヒーレンスのために消えてしまう。そうしてわかるのは、干渉が起きるのは二つの異なる出来事――この場合には、一方のスリットを通過する粒子ともう一方のスリットを通過する粒子――が識別不能なときだけである。

二重スリットの実験の場合、二者択一の出来事はだれひとり見ていない場合だけ識別不能である。しかし、電子のように同一の粒子は、まったく新種の識別不能な出来事の可能性を引き起こす。

ガールフレンドとクラブに出掛けようとしている一〇代の少年を考えてみよう。ガールフレンドには、偶然にも、そっくりな双子の妹がいるとする。少年には知らされていないが、ガールフレンドは家でテレビを見ることに決めたので、代わりに双子の妹を送りだす。二人の少女は少年にはまったく同じに見えるので（もちろん、ミクロのレベルで同じではないが）、ガールフレンドとクラブに出掛けたこととガールフレンドの妹とクラブに出掛けたこととは区別がつかない。

このように、単に出来事に明らかに識別不能なことが含まれているという理由で識別不能である出来事は、より広い世界では深刻な重要性をもたない（そっくりな双子の少女が、ボーイフレンドをさんざんやっつけることを認めれば話は別だが）。しかし、ミクロの世界では、それは真に深刻な重要性をもつ。どうしてだろう？　なぜなら識別不能な出来事は――どんな理由であれ――たがいに干渉できるからである。

同一なものの衝突

衝突する二つの原子核を取りあげよう。いかなるこのような衝突も（そしてこの特定の地点は信用するしかないだろうが）反対の立場から眺めることができ、これによれば、核は反対方向から飛び込んできて、衝突し、それから反対方向に飛び戻る。一般的に言って、入る方向と出る方向は同じではない。時計の文字盤で考えてみよう。もし核が衝突地点に、たとえば九時と三時の方向から入るとすれば、それらは四時と十時の方向に向かって飛びだすかもしれない。あるいは一時と七時の方向に。あるいは方向がたがいに反対であるならば、他のどんな対《つい》になった方向でもいい。

想像上の時計の文字盤に向かいあわせて検出器を置き、ついでそれらを縁に沿っていっしょにぐるりと動かすことによって、実験者は二つの核が跳飛する方向を述べることができる。たとえば、検出器が四時と十時の方向に置かれるとしよう。この場合には、核が検出器に到達するためには二通りの方法がある。それらはたがいに斜めに当たるので、ひとつは九時の方向から来て四時の方向に置かれた検出器に当たり、ひとつは三時の方向から来て十時の方向に置かれた検出器に当たる。あるいは、それらが真っ正面から当たった場合には、九時の方向から入って、ほとんど入ってきた道を跳ね返って、十時にある検出器に当たり、三時の方向から入って、ほとんど入ってきた道を跳ね返って、四時の方向に置かれた検出器に当たる。

四時と十時の方向は、けっして特別ではない。二個の検出器の位置がどこに決まっても、原子核がそれらにたどり着くことが可能な二つの方法がある。それらを出来事A、出来事Bと呼ぶ。

もし二つの核が異なっていたら何が起こるのか？　九時の方向から飛び込んでくるのが炭素核であり、三時の方向から飛び込んでくるのがヘリウム核であるとする。この場合、出来事A、出来事Bを区別するのはつねに可能である。結局、もし炭素核が十時の方向に置かれた検出器にとらえられれば、出来事Aが起きているのは明らかである。もし三時の方向に置かれた検出器にとらえられれば、出来事Bであるにちがいない。

しかし、もし二つの核が同一だったら何が起こるか？　それぞれがヘリウム核だとしたら？この場合、出来事Aと出来事Bを区別するのは不可能である。十時の方向に置かれた検出器でとらえられたヘリウム核は、どちらかのルートでそこへ来た。同じことは四時の方向に置かれた検出器でとらえられたヘリウム核についても真実である。出来事Aと出来事Bは、いまや識別不能である。もしミクロの世界で二つの出来事が識別不能であれば、それらに結びついた波は干渉する。

二つの核の衝突で、干渉はとても大きな違いをもたらす。たとえば、二つの識別不能な衝突という出来事に結びついた二つの波は、破壊的に干渉する、すなわち十時と四時の方向でたがいに打ち消しあうことが可能である。もしそうであるとしたら、何度実験をくり返しても、検出器はまったく核をとらえないだろう。また二つの波は十時と四時の方向で建設的に干渉する、すなわちたがいに強めあうことも可能である。この場合には、検出器は並外れて大量の核をとらえるだろう。

一般的に、干渉によって、出来事Aと出来事Bに対応する波がたがいに打ち消しあうような、ある外向きの方向が生じたり、たがいに強めあうような、ある外向きの方向が生じたりするだろう。そこで、もし実験が何千回とくり返され、想像上の時計の文字盤の縁に沿ってぐるりと置かれた検出器が跳飛した核をとらえたならば、到達する核の数に夥しいばらつきが見られるだろう。ある検出器は大量の核をとらえるが、他の検出器はまったくとらえないだろう。

しかし、原子核が異なるときには、事態は劇的に異なる。そのとき干渉は消え、検出器はあらゆる方向に跳飛している核をとらえるだろう。時計の文字盤の周りには、原子核が見られない場所はないだろう。

核が同一であるときと核が異なるときとで実験の結果に生じるこの著しい相違は、炭素とヘリウムの核の質量の違いのため——もっとも、これはわずかな違いを生じるが——ではない。それは衝突という出来事Aと出来事Bが識別可能であるか否かに帰着するのである。

ここでミクロ世界の出来事を現実世界に置き換えて、それが何を意味するかを考えてみよう。たがいにくり返し衝突する赤と青のボウリングのボールは、あらゆる方向に跳ね飛ぶだろう。しかし、赤いボールを青く塗り、二つのボールを識別不能にするだけで事態は変わるだろう。突然、ボールには異なった色のときよりも、はるかに頻繁に跳ね返るようになる方向や、まったく跳ね返らない方向が現れる。

ミクロの世界では同一の粒子同士が絡む出来事がたがいに干渉できるという事実は、ほとんど量子の気まぐれにすぎないように見えるかもしれない。だが、そうではない。なぜなら、自然界に見出される原子はたった一種ではなく九二種の異なる原子であるからだ。要するに、それが私たちが住んでいる世界の多様性の原因である。しかし、その理由を理解するには、同一の粒子同士が衝突する過程をもっと細かく吟味する必要がある。

粒子の二つの種族

核が異なっている場合——炭素核とヘリウム核——を思い出し、もう一度、二つの起こりうる衝突という出来事について考えてみよう。ひとつは核がたがいに斜めにぶつかりあい、その他は正面からぶつかり入ってきた道をほとんどまっすぐに跳ね返っていく。これが意味するのは、九時の方向から入る核の場合、そこには四時の方向に出ていく核に対応する波があり、十時の方向に出ていく核に対応する波があるということだ。

ここで理解しておくべき大事なことは、出来事の確率はその出来事に結びついている波の高さではなく、波の高さの二乗に関係していることである。したがって、四時の方向の出来事の確率は、四時の方向の波の高さの二乗であり、十時の方向の出来事の確率は、十時の方向の波の高さの二乗である。決定的な微妙な点が入り込むのがここだ。

十時の方向に飛びだす核に対応する波は、衝突によってひっくり返されるならば、山は谷になり、谷は山になる。これが出来事の確率に違いをもたらすだろうか？　この問いに答えるために、水の波——山と谷が交互に並んでいる連続——を考えよう。高さゼロの平均的な水面を考え、山の高さが正でプラス一メートル、谷の深さが負でマイナス一メートルとしよう。山の高さ、あるいは谷の深さを二乗しても、違いは生じない。なぜならば、1×1＝1で−1×−1もやはり1だからだ。その結果、跳ね返った核に対応する確率の波をひっくり返しても、出来事の確率には何の変化も生じない。

しかし、ひとつの波がひっくり返ったかもしれないことを信じる理由があるだろうか？　たしかに、十時の方向の衝突と四時の方向の衝突は非常に異なった出来事である。一方では、核の軌跡はほとんど変化しないにもかかわらず、他方では、急激にまわれ右をする。少なくとも十時の方向の波がひっくり返ったかもしれないのはありそうなことだ。

あることがもっともらしく見えるという理由だけで、それが実際に起きていることにはならない。それは確かだ。しかし、この場合、それが起きているのである！　自然には利用することのできる二つの可能性がある。つまり、ある衝突という出来事の波をひっくり返す可能性か、あるいはそれだけを単独でそのままの状態にしておく可能性である。自然はどちらも利用していることは明らかだ。

しかし、確率の波がひっくり返っていることを、私たちはどのようにして知るのだろうか？　結局のところ、実験者は検出器が拾いあげた核の数を測定することしかできず、それは特定の衝突という出来事の確率次第である。しかし、これは波の高さの二乗によって決定され、波はひっくり返っていてもそうでなくても同じである。実際に衝突により確率の波に起きていることは、見た目には隠されているように見えるだろう。

もし衝突する粒子が異なっていれば、これはたしかに真実である。しかし、ここが重要なのだが、もしそれらが同一であるならば真実ではない。その理由は、識別不能な出来事に対応する波は、たがいに干渉しあうからである。そして、干渉では、波が他の波と結合する前にひっくり返されたのか、そうでないかが至極重要になる。それは合致していてもいなくても、山と谷のあいだの差異を意味し、たがいに打ち消しあっていても、強めあっていても、波のあいだの差異を意味するだろう。

では、同一の粒子同士の衝突では何が起こるのか？　これは奇妙なことである。ある粒子——たとえば光子——については、あたかも同一のヘリウム核に対するように、すべてが同じである。二者択一的な衝突の出来事に対応する波は、たがいに正常に干渉する。しかし、他の粒子——たとえば電子——では、事態は根底から異なる。二者択一的な衝突の出来事に対応する波は干渉するが、それはひとつがひっくり返った後でだけ起こるのだ。

自然の基本要素は、二つの種族に分類できることが判明している。その一方で、波が通常の仕方でたがいに干渉しあう粒子がある。これらは「ボース粒子（ボソン）」と呼ばれている。光子と重力子（グラヴィトン）がそれに含まれる。ボース粒子は重力を説明するために理論的に考えだされたものだ。そして、他方には、ひっくり返された波とだけ干渉する粒子がある。それらは「フェルミ粒子（フェルミオン）」と呼ばれている。電子、ニュートリノ、ミューオンがそれに含まれる。

粒子はボース粒子であろうとフェルミ粒子であろうと——つまり、波の反転をほしいままにしようとしまいと——その「スピン」に依存することが判明している。他の粒子よりも多くのスピンをもつ粒子は、あたかも軸の周りで速くスピンしているかのようにふるまうことを思い出してほしい（奇怪な量子世界では、スピンをもつ粒子は実際には自転していないのだが！）。そう、基礎的な分割できないスピンのかたまりがあるのは、ちょうどミクロ世界ではあらゆるものに基礎的な分割できないかたまりがあるのと同じだということが明らかだ。歴史的な理由から、このスピンの「量子」は$\frac{1}{2}$単位である（単位が何であるかは心配しないでほしい）。ボース粒子は「整数」のスピン――0単位、1単位、2単位など――をもち、フェルミ粒子は「半整数」のスピン――$\frac{1}{2}$単位、$\frac{3}{2}$単位、$\frac{5}{2}$単位など――をもつ。

なぜ半整数のスピンをもつ粒子はスピン反転をほしいままにするのに、整数のスピンをもつ粒子はそうではないのか？　もちろん、これはとてもよい質問だ。しかし、それは理解しがたい数学を用いないでわかりやすく伝えられる限界まで私たちを連れていくだろう。リチャード・ファインマンは、少なくともこのことについて明快に語っている。「これは物理学にはある法則があって非常に簡単に述べることができる数少ない領域であるが、しかし、だれひとりわかりやすく説明ができないのである。ことによると、関連する基本的な原理について、私たちは完全に理解していないのだろう」

原子爆弾に関する仕事をし、また一九六五年にノーベル物理学賞を受賞したファインマンは、疑いなく戦後最大の物理学者だった。もし量子論の考えかたをすこし難しいと感じるならば、あなたたちはとてもよい仲間になれるだろう。率直に言えば、量子論が誕生して八〇年余りたったいまでも、物理学者は基本的な実在について何かを語ろうとすることではっきり見通せるようになり、霧が晴れあがるのを待っている。ファインマン自身が語っているように、「だれも量子力学を理解していないと言っていいんじゃないかな」

スピンの謎を公《おおやけ》にしなければ、私たちは最終的にこれらすべての要点に到達する——それは電子のようなフェルミ粒子にとって、波の反転がもたらす言外の意味だ。

二つのヘリウム核の代わりに、たがいにもうひとつの粒子と衝突する二つの電子を考えよう。衝突の後、それらはほとんど同じ方向に跳ね返る。二つの電子をAとBと呼び、方向を1と2と呼ぼう（ほとんど同じ方向ではあるが）。二つの同一の核の場合とまったく同じく、二つの識別不能な確率がある。電子Aは方向1に跳ね返され、電子Bは方向2に跳ね返される。あるいは、電子Aは方向2に跳ね返され、電子Bは方向1に跳ね返される。

電子はフェルミ粒子であるので、一方の確率に対応する波は他方の確率に対応する波と干渉する前に反転するだろう。しかし、決定的なのは、二つの確率に対する波は同一である、あるいはかなり同一であるということだ。結局、私たちが語っているのは、ほとんど同じことをしている二つの同一の粒子なのである。しかし、もし二つの同じ波を加えるならば——そのうちのひとつは反転している——一方の山は他方の谷にぴったり合致するだろう。それらはたがいに完全に打ち消しあうだろう。言い換えると、二つの電子がまったく同じ方向に跳ね返る確率はゼロである。それは完全に不可能なのだ！

この結果は、実際には、見えているよりもはるかに一般的である。二つの電子は同じ方向に跳ね返ることを禁じられているだけではなく、同じことを同じ周期ですることも禁じられていることがわかった。この禁止はオーストリアの物理学者ヴォルフガング・パウリに因んで「パウリの排他律」として知られているが、これは白色矮星が存在する究極の理由であることが判明している。電子は狭すぎる空間に閉じ込めることができないことは確かであるが、このことだけでは依然として、なぜ白色矮星では電子がまったく同じ狭い体積に、ぎっしり詰まらないかが説明できない。その答はパウリの排他律が提供する。二つの電子は同じ量子状態に存在することができないのである。電子は極端に社交嫌いであって、たがいに疫病のように避けあっているのだ。

このように考えよう。ハイゼンベルクの不確定性原理のために、白色矮星の重力によって電子が圧縮された「箱」には最小限の大きさがある。しかし、パウリの排他律のために、それぞれの電子はそれ自体の箱を要求する。これら二つの効果が提携してはたらくことで、見るからにか弱い電子の気体に白色矮星の莫大な重力によって圧縮されることに抵抗するのに必要な「頑強さ」が与えられるのである。

実際、ここにはもうひとつの細かいちがいがある。パウリの排他律は二つのフェルミ粒子が同じことをするのを、両者が同一である場合には妨げる。しかし、電子はそれぞれのスピンのために、たがいに異なるありかたをもっている。ある電子は時計まわりにスピンし、またある電子は反時計まわりにスピンすることが可能である。[*3] 電子のこの性質のために、二つの電子が同じ空間に位置することができる。これらは非社交的かもしれないが、完全に孤立してはいないのだ！　白色矮星はとても日常の物体とは言えない。しかし、パウリの排他律はもっとはるかにありふれた意味をもっている。特に、なぜ原子にはそんなに多数の異なる種類があるのか、そしてなぜ私たちを取り巻く世界は複雑で興味深い場所であるのかを、それは説明してくれるのである。

なぜ原子はすべて同じではないのか

オルガンのパイプに閉じ込められた音の波が決められたやりかたでしか振動できないように、原子のなかに閉じ込められた電子に結びついた波もそうであることを思い出そう。それぞれのはっきり識別できる振動は、中央の核から特定の距離にあり、特定のエネルギーをもつ電子がとりうる軌道に対応する（もちろん、現実には、軌道は単に電子がもっとも見つかりやすそうな場所である。というのは、一〇〇パーセント確実に電子あるいは他のミクロ粒子が見つけられるような経路はないからである）。

物理学者と化学者はこの軌道に番号を付けている。もっとも内側の軌道――「基底状態」と呼ばれる――には1が付けられ、以下、核から遠くなるにつれて、2、3、4……が付けられる。これらの「量子数」と呼ばれているものの存在は、ミクロ世界におけるすべてのものが——電子の軌道でさえも——いかに中間の値をとらないでとびとびの値で現れるかを、改めて強調している。

電子がある軌道から核により近いもうひとつの軌道に「ジャンプする」ときには、いつでも原子はエネルギーを失い、光子の形でそれを放出する。光子のエネルギーは二つの軌道のエネルギーの差にちょうど等しい。この反対の過程は、原子が二つの軌道のエネルギーの差に等しいエネルギーをもつ光子を吸収することを含んでいる。この場合には、電子はある軌道から核により遠いもうひとつの軌道にジャンプする。

光の「放出」と「吸収」というこの状況は、なぜ光子がそれぞれの種類の原子によって——特別な振動数に対応している——特別なエネルギーだけを放出し、そして吸収するかを説明する。特別なエネルギーは、電子の軌道の差がもたらすエネルギーにすぎない。描きうる軌道の数は限られているため、軌道の「遷移」は限られているのである。

しかし、物事はこれほど簡単ではない。原子の内部で振動することを許された電子の波は、きわめて複雑な三次元のものである。それらは核から一定の距離にもっとも見つけやすいだけではなく、ある方向では他の方向よりも見つけやすい電子に対応するかもしれない。たとえば、ある電子の波は、他の方向よりも原子の北極と南極がより大きいかもしれない。このような軌道にある電子は、北極と南極でもっとも見つかりやすいだろう。

　ある方向を三次元空間で記述するには、二つの数が必要である。地球儀では緯度と経度を必要とする。同様にして、高さが方向によって変わる電子の波を記述するには、核からの距離を指定するための数に加えて、さらに二つの量子数を必要とする。これで合計三つになる。電子の軌道がよく知られている軌道――たとえば、太陽の周りをまわる惑星の軌道――とはまったく似ていないという事実を認めて、それらには「軌道関

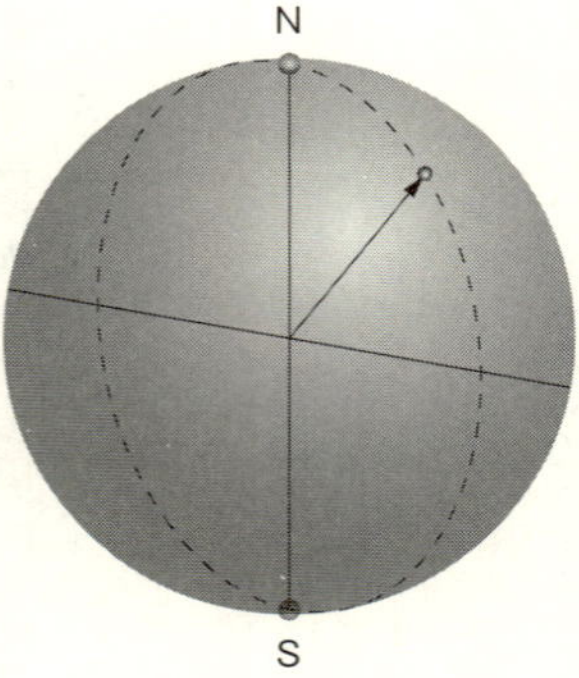

原子の北極と南極

数」という特別な名前が付けられている。

　電子の軌道関数の精密な形は、水や二酸化炭素のような「分子」を作るのに、いかに異なる原子をつなぎ合わせるかを決定するうえできわめて重要であることがわかる。ここで鍵となるのは、もっとも外側の電子である。たとえば、ある原子の外側の電子は、もうひとつの原子と共有されていて「化学結合」を作りあげているかもしれない。もっとも外側の電子が正確にどこにあるかが、明らかに重要な役割を演じている。たとえば、もし外側の電子が原子の北極と

南極で見つかる確率がもっとも高いならば、原子は原子の北か南でもっとも容易に結合するだろう。

原子が結合することのできる無数の組みあわせすべてを扱う科学が「化学」である。原子は究極的なレゴブロックである。さまざまな組みあわせで結合することによって、薔薇や金の延べ棒や人間を作ることが可能である。しかし、レゴブロックを精密にどう組みあわせて、私たちの周りの世界に見られる唖然《あぜん》とするような多種多様の対象を作るかは、量子論が決定するのである。

もちろん、レゴブロックの多数の組みあわせが存在するためのわかりきった条件は、一種類以上のレゴブロックがあることである。自然は実際には、九二種類のレゴブロックを用いている。それらの範囲は自然界で見出される原子のなかでもっとも軽い水素から、もっとも重いウランまでである。なぜそんなに多くの異なる原子が存在するのか？　なぜそれらはすべて同じではないのか？　もう一度言おう、それはすべて量子論のゆえなのだ。

なぜ原子は、すべて同じではないのか

核の電気力の場にとらえられた電子は、もっとも切りたった谷にとらえられたサッカーボールに似ている。当然、それらは斜面を急速に下って、できるかぎり低い場所——もっとも内側の軌道関数――に落ち着くだろう。しかし、もしこれが原子のなかの電子が実際におこなっていることであれば、すべての原子はほぼ同じ大きさになるだろう。実際のところ、もっとも外側の電子は原子がいかに結合するかを決めているので、すべての原子はまったく同じやりかたで結合するだろう。自然はただ一種類のレゴブロックで遊ぶしかなく、世界はたいへん退屈なところになるだろう。

世界が退屈なところになることから救うのが、パウリの排他律である。もし電子がボース粒子であれば、原子の電子がもっとも内側の軌道関数にすべてたがいに重なりあうのは確かだろう。しかし、電子はボース粒子ではない。フェルミ粒子である。フェルミ粒子は群れを作ることをひどく嫌がるのだ。

そのはたらきかたは次の通りである。異なる種類の原子は、異なる数の電子をもっている（もちろん、つねに核内にある等しい数の陽子と釣りあっている）。たとえば、もっとも軽い原子の水素が一個の電子をもち、自然界で見出されるもっとも重い原子のウランは九二個の電子をもっている。この議論では原子核は重要ではない。その代わりに、焦点は電子に合わせられる。水素原子から出発して、それから一回に一個ずつ電子を付け加えることを想像してみよう。

最初に利用できる軌道は、もっとも内側の、もっとも原子核に近いものである。電子が付け加えられるたびに、電子はまず最初にこの軌道に行くだろう。それが一杯になって、もうこれ以上電子を受けいれられなくなると、電子はその次に利用できる、原子核からさらに遠い軌道にどっと押し寄せるだろう。この軌道が一杯になると、電子はその次に遠い軌道へと移っていく。そしてこれが続く。

核からある特定の距離にある——つまり異なる方位量子数の——すべての軌道関数は、「殻《かく》」を作ると言われている。もっとも内側の殻を占めることができる電子の最大数は二個であると判明している——時計まわりのスピンをもつ電子一個と反時計まわりのスピンをもつ電子一個である。水素原子はこの殻に一個の電子をもち、その次に大きい原子であるヘリウム原子は二個もっている。

その次に大きい原子はリチウムである。リチウムは電子を三個もっている。もっとも内側の殻にはもはやこれ以上の余地はないので、三番目の電子が核からもっと離れた新しい殻を作りはじめている。この殻の容量は八個である。一〇個を超える電子をもつ原子に対しては、この殻さえもすべて使いきれば、核からさらに遠いもうひとつの殻も使いはじめる。

パウリの排他律は、二つ以上の電子が同じ軌道関数に入る——つまり、同じ量子数をもつ——ことを禁止していることが、原子がたがいに異なる理由である。それはまた物質が固い原因でもある。「電子はたがいに優位に立つことができないという事実が、テーブルその他すべてのものを固くしている」とリチャード・ファインマンは語っている。

原子のふるまいかた——その同一性そのもの——は外側の電子によって決まるので、もっとも外側の殻に同じような数の電子をもつ原子のふるまいかたに似る傾向がある。三個の電子をもつリチウムは、外側の殻に一個の電子がある。一個の電子をもつナトリウムも同じである。したがって、リチウムとナトリウムは似た種類の原子と結合し、似た性質をもっている。

パウリの排他律に支配されているフェルミ粒子の話は、これでおしまいだ。では、ボース粒子の場合はどうか？　このような粒子は排他律に支配されていないので、断乎として集団的である。そしてこの集団性は、レーザーから永久に流れる電流や丘を駆けあがる液体にいたるまで、夥しい顕著な現象を導きだす。

なぜボース粒子は仲間と群れたがるのか

二つのボース粒子が空間の小さな領域に飛び込んだとしよう。ひとつは経路上の障害物に当たり、跳ね返される。もうひとつは第二の障害物に当たり、跳ね返される。障害物が何であるかは問題ではない。つまり、それらが核あるいは他のなにものでもいい。ここで重要なことは、ボース粒子が跳ね返る方向であり、それは両方にとって同じである。

粒子をAとBと呼び、それらが跳ね返る方向を1と2と呼ぶ（たとえそれぞれがほとんど同じ方向であっても！）。そこには二つの可能性がある。ひとつは、粒子Aが方向1で終わり、粒子

Bが方向2で終わるというもの。もうひとつは、粒子Aが方向2で終わり、粒子Bが方向1で終わるというもの。粒子Aと粒子Bはミクロ世界のでたらめな住民であるので、方向1を行く粒子Aと方向2を行く粒子Bに対応する波がある。そしてまた、方向2を行く粒子Aと方向1を行く粒子Bに対応する波もある。

もし二つのボース粒子が異なる粒子であれば、それらのあいだに干渉はありえない。だから、二つに跳ね返った粒子を検出器がとらえる確率は、単に第一の波の高さの二乗に第二の波の高さの二乗を足しあわせたものである。なぜなら、ミクロ世界で起こることはなんであれ、その確率はつねにそれに結びついた波の高さの二乗であるからだ。そして、これは信じてもらうしかないが、二つの確率はほぼ同じであることが判明している。だから全体の確率は、それぞれの出来事が別々に起きているときの単に二倍の確率である。

両方の過程に対して、波の高さが1であるとしよう。もしそれらを二乗して、それに両方の過程の確率を得たものを加えれば、(1×1)+(1×1)=2となる。1の確率が一〇〇パーセントであるから、2の確率は明らかにおかしい！ しかし、これは我慢してもらおう。確率の比較をすることはまだ可能であり、このことすべてが導いていくのはそこなのである。

さて、二つのボース粒子が同一の粒子であるとしよう。この場合、二つの確率は識別不能である――粒子Aは方向1に行き、粒子Bは方向2に行き、そして粒子Aは方向2に行き、粒子

Bは方向1に行く。それらが識別不能であるために、それらに結びついた波はたがいに干渉できる。結びついた高さは1＋1である。両方の過程に対する確率は、したがって（1＋1）×（1＋1）＝4である。

これはボース粒子が同一でないときの二倍の確率である。言い換えると、もし二つのボース粒子が同一であれば、異なる場合よりも二倍同じ方向に跳ね返りそうなのだ。あるいは別の言いかたをすれば、ボース粒子は、もしもうひとつのボース粒子がある方向に跳ね返るならば、ある特定の方向に跳ね返る確率が二倍なのである。

ボース粒子が多ければ多いほど、その効果は意義深い。もしn個のボース粒子が存在していれば、さらにもうひとつの粒子が同じ方向に跳ね返る確率は、ボース粒子が他に存在していないときに比べてn＋1倍だけ大きい。集団のふるまいについて語ろう！　何かをしている他のボース粒子が存在するだけで、さらにもうひとつのボース粒子が同じことをする確率は大幅に増大する。

この集団性は重要な実地に応用できることがわかっている——たとえば、光の伝播《でんぱ》がそうだ。

レーザーと丘を駆けあがる液体

いままで考察してきた過程はすべて、ある特定の方向で衝突したり跳ね返ったりする粒子を含んでいる。しかし、これは本質的なことではない。この議論は粒子の創造にも同じようにうまく適用できるだろう——たとえば、光を放出する原子による光子の「創造」である。

光子はボース粒子である。それゆえ、原子が特定の方向に特定のエネルギーをもつ光子を放出する確率は、もしすでにその方向にそのエネルギーをもって飛んでいる光子が n 個あれば、$n+1$ の因子だけ増える。放出された個々の新しい光子は、もうひとつの光子が放出される機会を増大する。いっしょに空間を飛んでいる光子が何千、いや何百万とあれば、新しい光子が放出される確率は桁違いに高まるだろう。

結果は劇的である。太陽のような通常の光源はあらゆる異なるエネルギーの光子がカオス的に混ざったものを創りだすが、レーザーは完全な密集隊形で空間を突進する光子の止めようもない大きな流れを発生させる。しかし、レーザーのふるまいはボース粒子にただひとつ共通する集団性とはまるで異なる。液体ヘリウムを取りあげよう。液体ヘリウムはボース粒子である原子でできている。

宇宙で二番目にありふれた原子であるヘリウム4は、自然界でもっとも奇妙な物質のひとつである。[*4] それは地球上で発見される前に太陽で発見された唯一の元素であり、いかなる液体よりも低い摂氏マイナス二六九度という沸騰点をもっている。事実、それは少なくとも通常の大気圧ではけっして凍って固体にならない唯一の液体である。しかし、こうしたことのすべては、摂氏約マイナス二七一度以下のヘリウムのふるまいの前では意味がなくなる。この「ラムダ点」以下では、それは「超流体」になるのだ。

通常、液体はある部分を別のところへ動かそうとする試みには抵抗する。たとえば、糖蜜はスプーンで掻き混ぜると抵抗し、水はそのなかを泳ごうとすると抵抗する。物理学者はこの抵抗を「粘性」と呼んでいる。実際のところ、これは液体の摩擦にすぎない。しかし、私たちは固体同士をおたがいに動かすときの摩擦——たとえば、車のタイヤと道路の摩擦——には慣れている一方で、液体の各部分がおたがいに動くときの摩擦はあまり知らない。糖蜜は強い抵抗を示すので、大きな粘性をもつ、あるいは、とてもねばねばしていると言われる。

明らかに、粘性は液体のある部分が残りの部分と異なる動きを示すときにだけ、姿を現すことができる。原子のミクロのレベルでは、これは液体の原子をいくつか衝突させて、他の液体の原子が占めていたのとは異なる状態にすることを意味する。

通常の温度の液体は、原子はいろんな状態でいることができ、それぞれがまちまちな速さで小刻みに揺れている。しかし、温度が下がるにつれて、だんだん動きが鈍くなり、とりうる状態がどんどん少なくなる。しかし、この効果にもかかわらず、最低温度でさえも、すべての原子は同じ状態にはならないだろう。

しかし、液体ヘリウムのようなボース粒子の液体では、事態が異なる。もしすでにn個のボース粒子がある特定の状態に入っていれば、この状態に別の粒子がないときに比べて、もうひとつの粒子がこの状態に入る確率は$n+1$だけ大きいのを思い出してほしい。そして、無数のヘリウム原子を伴う液体ヘリウムでは、nはたしかに非常に大きな数である。その結果、液体ヘリウムが充分に低い温度に冷やされた場合には、すべてのヘリウム原子が同じ状態に群がろうとすることが突然起きる。それは「ボース＝アインシュタイン凝縮」と呼ばれる現象だ。

すべてのヘリウム原子が同じ状態にあるので、液体の一部が他の部分とは異なる動きをするのは不可能である――少なくとも極端に難しい。その結果、液体ヘリウムは粘性と呼ばれるものをいっさいもたない。「超流体」になるのである。

超流体の液体ヘリウムには、原子の運動に一種の硬直性がある。液体に何かをさせるのは、とても難しい。というのは、すべての原子に連れだって同じことをさせるか、それともまったく何もさせないでおくのか、いずれかだからである。たとえば、もしバケツに水を入れ、バケツ自体を回転させれば、水はバケツとともに回転するだろう。これはバケツが表面に直接接触している水の原子――厳密には、水の分子――を引っぱるからである。水全体がバケツとともに回転するまで、それらは表面から離れている原子の周りを順に引っぱったりする。明らかに、水がバケツとともに回転している状態は、液体の別の部分をたがいに動かすにちがいない。しかし、指摘されているように、これは超流体にはとても難しい。すべての原子はいっせいに動くか、またはまったく動かない。したがって、もし超流体の液体ヘリウムをバケツに入れて、そのバケツを回転させても、液体ヘリウムはバケツの回転に乗じることはけっしてない。その代わり、液体ヘリウムは、バケツが回転するあいだは断固静止している。

超流体の液体ヘリウムの原子が共同でおこなう運動は、もっと奇怪な現象さえも引き起こす。たとえば、超流体は他のどんな液体も通ることのできない小さな孔を、流れて通ることができる。それはまた丘をさかのぼることができる唯一の液体でもある。

面白いことに、ヘリウムには珍しく軽い親類がある。ヘリウム3は通常のうんざりするような液体である。その理由は、ヘリウム3の粒子がフェルミ粒子だからである。そして、超流体はボース粒子だけがもっている性質なのである。

実際には、これは完全には真実ではない。ミクロの世界は驚きの現象で満ちあふれている。特殊な場合には、フェルミ粒子はボース粒子のようにふるまうことができるのだ!

永久に流れる電流

フェルミ粒子がボース粒子のようにふるまう特殊な場合とは、金属のなかの電流である。金属原子のもっとも外側の電子は、非常にゆるくしか束縛されていないので、外れて自由になることができる。もし電池によって、金属の両端に電圧が加えられると、解き放たれた無数の電子はすべて、電流となって物質のなかを突進する。[*5]

電子は言うまでもなくフェルミ粒子であるが、これは社交性がないということを意味する。高エネルギー状態に対応している踏み板の付いた梯子《はしご》を想像しよう。電子はいちばん低いところから一度に二個、踏み板を埋めていくだろう（ボース粒子はもっとも低い踏み板に喜々として群がるだろう）。個々の電子の対に別々の踏み板が必要とされるのは、金属内の電子が単純に予想したよりも、平均してはるかに高いエネルギーをもっているからである。

しかし、金属が絶対零度、すなわち可能な限り最低の温度に近いところまで冷却されると、じつに奇怪なことが起こる。通常、それぞれの電子は他のすべての電子とはまったく無関係に金属のなかを移動する。しかし、温度が下がるにつれて、金属原子は前にも増してゆっくりと振動する。それらは電子の何千倍も重いのだが、電子と金属原子のあいだの電気的な引力は、電子が近くを通るときに引き寄せるのに充分である。[*6] 引っぱられた電子が、今度は別の電子を引き寄せる。このようにして、ひとつの電子が金属原子の仲介を通して別の電子を引きつけるのである。

この効果は、金属のなかを流れている電流の性格を根底から変える。単独の電子で構成される代わりに、「クーパー対」という名前で知られる対になった電子で構成されるのである。しかし、それぞれのクーパー対の電子は反対の仕方で回転し、打ち消しあう。その結果、クーパー対はボース粒子になってしまうのだ！

クーパー対は特異なものである。それをかたちづくっている電子は、金属のなかでは、たがいに近くにさえないかもしれない。クーパー対を構成しているひとつの要素とその相棒とのあいだには、容易に何千個もの他の電子が入り込む。しかし、これは好奇心をそそる細部にすぎない。鍵となるのは、クーパー対がボース粒子であることだ。そして超伝導体の極低温下においては、すべてのボース粒子は同じ状態に群がる。したがって、それらは一個のものとして圧倒的な存在のようにふるまう。いったん群れをなして流れれば、止めるのは至難の業だ。

通常の金属では、電流は非金属の「不純な」原子によって「抵抗」される。それらは電子の道に立ちふさがり、金属のなかを通り抜けることを妨げる。しかし、不純な原子は通常の金属の電子を容易に妨げることができるのに、超伝導体のクーパー対を妨げることはほとんど不可能である。この理由は、それぞれのクーパー対が何億個、何兆個といったその他のものと密集した状態で行進しているからである。不純な原子がこの流れを邪魔できないのは、ひとりの兵士が敵の軍隊の前進を阻止できないのと同じである。いったん始まれば、超伝導体中の電流は永久に流れるだろう！

＊1　光子は異なる波長をもっているので、もちろん、私たちがここで話題にしている光子は、同じ波長でおたがいに同一のものだ。

＊2　ジョン・ホイーラーとリチャード・ファインマンは、なぜ電子が完全に識別不能であるかについて興味深い説明を思いついた――それは宇宙にはたったひとつの電子しかないというものだ！　電子はタペストリーのなかを編み糸が前後に通っているように、時間を前向きと後ろ向きに紡ぐのである。私たちは編み糸がタペストリーの織物を通っている無数の箇所を見て、それぞれが異なる電子によるものだと間違えるのだ。

＊3　物理学者は二つの代替的なスピンを「上向きの」スピンと「下向きの」スピンと呼ぶ。しかし、これは単なる技術的なことにすぎない。

＊4　ヘリウム4はその核に四個の粒子をもっている――二個がプロトンで二個がニュートロンである。親類であるヘリウム3はわずかしかない。ヘリウム3はプロトンは同数だが、ニュートロンが一個少ない。

＊5　このとき、なぜ金属は落ちて離れないのか？　すべてを説明するには量子論が必要だ。しかし、あまりにも単純な、必要最小限の、すなわち伝導電子はマイナスの電気を帯びた雲になり、金属を通り抜ける。この雲とプラスの電気を帯びたむき出しの金属イオンとが引きつけあうため、金属として接合する。

＊6　厳密に言うと、原子はプラスの「イオン」であるが、この名称は電子を失った原子に与えられる。

第二部　大きなものの世界

7　空間と時間の死

男がきれいな少女と一時間座っていると、一分間のように感じられる。
しかし、男を熱いストーブの上に一分間すわらせてみよう——
それは一時間よりも長い。それが相対性だ！

アルベルト・アインシュタイン

それほど奇妙な一〇〇メートル競走は、これまでだれも見たことがなかった。短距離走者がスタート地点から猛然とダッシュし、いよいよ調子が出てきたところで、正面観覧席の観衆はランナーがいままでよりもスリムになっているような気がする。そして、ランナーが歓声をあげる観客の前を走り抜けるとき、彼らはパンケーキと同じくらい平べったく見える。しかし、それはもっとも奇妙なことではない——じつにありふれたことだ。選手の腕と脚は超低速で上下に動いている。まるで空気のなかではなく、糖蜜のなかを走っているように。すでに観衆の拍手はゆっくりになりはじめている。一部の人たちはチケットを引き裂き、怒ってそれを空に放り投げている者もいる。事態の進行がこんな調子では、選手が決勝テープを切るのに一時間かかるだろう。嫌気がさしたり失望した観客は席を立ち、ひとり、またひとりと競技場をとぼとぼ出ていく。

この光景はすべてが滑稽《こっけい》に見える。しかし、実際には、きわめて重要なある細部が間違っているだけだ――それはランナーの速さである。もし一〇〇〇万倍速く走れたら、これはまさしくすべての人たちが見る光景である。物体が超高速で飛び去るとき、空間は縮むが、時間は遅くなる。[*1] それは物事の必然的な結果である――光線に追いつくことはどうしても不可能なのだ。

素朴に考えれば、追いつくことのできない唯一のものは、無限大の速さで動いているものである。結局のところ、無限大は想像もつかない最大の数として定義される。どんな数を考えても、無限大はそれよりも大きい。だから、もし何かが無限大の速さで動くとしたら、それと並んで走ることはけっしてできないのは明らかだ。それは究極の宇宙の速さの限界を表しているだろう。

光はとてつもない速さで旅をする――なにもない空間を毎秒三〇万キロメートルの速さだ――しかし、これは無限大というには、かなり速さが足りない。それなのに、あなたがどんなに速く移動しても、光線に追いつくことはけっしてできない。私たちの宇宙では、理由はだれにもわからないが、光の速さが無限大の速さの役割を演じている。光の速さは究極の宇宙の速さの限界を表しているのだ。

この奇妙な事実を最初に認識したのは、アルベルト・アインシュタインだった。通説では、齢《よわい》わずか一六歳で、彼は自分に問いかけた。もし光に追いつくことができたなら、光のビームはどんなふうに見えるのだろう？

アインシュタインがこのような問いを発し、それに答えたいと望んだのは、もっぱらスコットランドの物理学者ジェームズ・クラーク・マクスウェルによる発見のおかげだった。一八六四年、マクスウェルは既知の電気的および磁気的現象——電気モーターの仕組みから磁石のふるまいにいたるまで——をすべて要約して、ひと握りのエレガントな数学的方程式にまとめた。それには「マクスウェルの方程式」という思いがけない特別な贈り物があって、それまでだれも気がつかなかった「波」——電気と磁気の波——の存在を予測したのだった。

池に広がるさざ波のように、空間を伝播するマクスウェルの波は、非常に際立った性質をもっていた。それは毎秒三〇万キロメートルの速さで伝わった——なにもない空間を伝わる光の速さと同じである。偶然にしては、あまりにもぴったり合いすぎる。電気と磁気の波は光の波以外の何ものでもないと、マクスウェルは正しく推測した。おそらく電気の先駆者マイケル・

ファラデーを除いては、だれひとり、光を電気と磁気に結びつけて考えた者はいなかった。だが、マクスウェルの方程式には消すことのできないように、こう書かれてあった。「光は電磁気の波だった」と。

磁気は磁石を取り巻いている空間に広がる目に見えない「力の場」である。たとえば、棒磁石の「磁場」は、ペーパークリップのような近くにある金属性の物品を引きつける。自然はまた「電場」ももっている。目に見えない力がはたらく場で、電気を帯びた物体の周りの空間に広がっている。たとえば、ナイロンのセーターで擦《こす》ったプラスチック製の櫛《くし》の電場は、小さな紙切れを拾いあげることができる。

マクスウェルの方程式によれば、光は目に見えない力がはたらく場を通り抜けるさざ波である。水を通り抜けるさざ波によく似ている。水の波の場合、波が通り抜けるときに変化するのは、上下の揺れをくり返す水面の高さである。光の場合には、強まったり弱まったりをくり返す磁場と電場の強さである（実際には、一方の力が強まると他方の力が弱まり、その逆も成り立つが、そのことはここでは重要ではない）。

電磁波が何であるかについて考えるとき、なぜこのような嫌らしい細部まで詳しく調べるのか？　それはアインシュタインの問いを理解するために必要だからである――もし光に追いつくことができたなら、光のビームはどんなふうに見えるのだろう？

高速道路で車を運転しているとき、時速一〇〇キロメートルで走っている別の車に追いついたとしよう。横に並んで走るとき、相手の車はどう見えるだろうか？　明らかに静止しているように見えるだろう。窓を下ろせばエンジン音のなか、向こうの運転手に大声で話しかけることができるかもしれない。まったく同じようなやりかたで、もしあなたが光線に追いつくことができたなら、それは凍った池の一連のさざ波に似て、静止しているように見えるはずだ。

しかしながら——そしてこれこそが一六歳のアインシュタインが気づいた鍵となることだが——マクスウェルの方程式は凍ったままの電磁波について言っておくべき重要なことがある。それは電場および磁場がまったく強まったり弱まったりしないで、永久に静止したままの電磁波だということである。しかし、このようなものは存在しない！　静止した電磁波はありえないのだ。

アインシュタインは早熟な問いを抱いて、物理法則におけるパラドックス、あるいは自家撞《どう》着《ちゃく》に取り組んだ。あなたが光のビームに追いついて、静止した電磁波を見ることは不可能である。不可能なことを見るのは不可能だから、あなたは絶対に光のビームに追いつけない！言い換えると、けっして捕らえられないもの——宇宙における無限大の速さの役割を演じているもの——は光なのである。

相対性理論の礎石

光が捕らえられないことは別の言いかたができる。宇宙の速さの限界が、実際には無限大であると仮定しよう（もちろん、現在の私たちはそうではないことを知っているが）。たとえば、戦闘機から発射されたミサイルが無限大の速さで飛ぶことができるとする。ミサイルの速さは地面に立っているだれかに対する無限大の速さに戦闘機の速さを加えたものだろうか？　そうであるとしたら、地面に対するミサイルの速さは無限大より大きい。しかし、これは不可能である。なぜなら無限大は想像できるもっとも大きな数だからだ。唯一意味をもつのは、ミサイルの速さは依然として無限大の速さであるということだ。別の言葉で言うと、その速さは光源の速さ――戦闘機の速さ――によって決まらないのである。

無限大の速さの役割を光の速さが演じている現実の宇宙では、光の速さもその光源の運動に拠らないのである。それは同じであり、どれだけ速く光源が動いても毎秒三〇万キロメートルである。

光の速さがその光源の運動によって決まらないことは、一九〇五年の「奇跡の年」にアインシュタインが時間と空間について打ちたてた新しい革命的な構想から生まれた二本柱の一本である――それが「特殊相対性理論」である。もう一本、等しく重要なのが「相対性原理」である。

一七世紀、偉大なイタリアの物理学者ガリレオは、物理法則が相対的な運動には影響されないことに気づいた——言い換えると、あなたが他のだれかに対してどれだけ速く動いていようとも、彼らからは同じに見えるのである。原っぱに立って、一〇メートル離れた友人にボールを投げていると考えよう。さて、あなたは原っぱではなく動いている列車に乗っていて、通路に沿って一〇メートル先に立っている友人にボールを投げていると想像しよう。どちらの場合も、ボールはふたりのあいだを似たような軌跡で弧を描く。言い換えると、ボールが取った経路は、あなたが原っぱにいるか、あるいは時速一二〇キロメートルで疾走する列車に乗っているという事実を無視する。

実際、もし列車の窓が真っ暗で、また列車がすばらしい緩衝装置を備えているために振動が感じられないとすれば、ボールの運動——このことに関しては、列車内にあるものならば何でもいいが——から列車が動いているかどうかを見定めることはできないだろう。だれも理由は知らないが、あなたがどんな速さで動いていようと、速さが一定であるかぎり、物理法則は同じである。

ガリレオがこの観察をしたとき念頭にあった「法則」は、大気中を飛んでいる砲弾の軌跡のようなものを支配する運動の法則であった。アインシュタインは大胆に飛躍して、この考えかたを光のふるまいを支配する光学の法則を含めた、すべての物理法則に拡大した。彼の「相対性原理」によれば、一定の速さでたがいに動いている「観測者」には、あらゆる法則が同じに見えるのである。言い換えると、真っ暗な列車のなかでは、光が前後に反射される様子から、列車が動いているかどうかを見定めることはできない。

相対性原理と光の速さは光源の運動に関係なく同じであるという事実とを組みあわせることにより、光についてもうひとつの注目すべき性質を推論することが可能である。あなたが高速度で光源に向かって運動しているとしよう。あなたに近づいてきた光はどんな速さになるのだろうか。さて、ここで動いているのはあなたか光源かを決定することができる実験はないことを思い出してほしい（真っ暗な列車をもう一度想起しよう）。だから、あなたは静止しており、光源があなたに向かって動いていると想定するのも、同じように根拠のある観点である。しかし、光の速さは光源の速さによって決まらないことも思い出してほしい。光はつねに正確に毎秒三〇万キロメートルの速さで移動するのである。したがって、あなたは静止しているのだから、光は正確に毎秒三〇万キロメートルの速さで到着するはずである。

その結果、光の速さはその光源の運動とは無関係であるばかりか、光を観測しているどんな人の運動とも無関係である。言い換えると、宇宙におけるあらゆる人は、いかに速く動いていようとも、つねに光の速さとしてまったく同じ値、毎秒三〇万キロメートルを観測する。

アインシュタインが「特殊相対性理論」で答えようと試みたのは、実際上、どうしたらどんな人でも光を正確に同じ速さで観測することができるようになるのかだった。それにはたったひとつの方法しかないことが明らかになる。もし空間と時間がだれもが考えているものとは完全に異なっていたとしたらどうだろう。

縮む空間、伸びる時間

なぜ空間と時間が事物として扱われるのか？　あらゆるものの速さは——光を含めて——与えられた時間内に物体が空間を動く距離である。通常、距離を測るには物差しが用いられ、時間を測るには時計が用いられる。その結果、いかにしてあらゆる人がそれぞれの運動の状態に関係なく、光を同じ速さに測定することができるのかという問いは、別の言いかたができる。与えられた時間内に光が動く距離を測ったとき、つねに速さが正確に毎秒三〇万キロメートルであるためには、あらゆる人の物差しと時計に何が起きなければならないのか？

きわめて簡単に言えば、これが特殊相対性理論である——宇宙にいるすべての人が光の速さについて意見が一致するために、空間と時間に起こらねばならないことに対する「処方箋《レシピ》」である。

宇宙船が光の速さの〇・七五倍で飛来する宇宙塵《じん》のかけらに向けて、レーザー光線を発射したとしよう。レーザー光線が光の速さの一・七五倍の速さで宇宙塵に命中できないのは、それが不可能だからである。つまり、それはまさしく光の速さで命中しなくてはならない。そんなことが起こりうるのは、だれかが出来事を観察し、与えられた時間内に光が動いて到達する距離を推定するのに、距離を少なく見積もるか、時間を多く見積もるかした場合だけである。

実際、アインシュタインは両方のことがなされているのを発見した。外部から宇宙船を見ている人には、動いている物差しが縮み、動いている時計が遅くなる。空間は「収縮」し、時間は「伸張」する。そして両者は宇宙にいるすべての人にとって、光の速さが毎秒三〇万キロメートルになるのに必要な具合に、まさしく収縮し伸張する。それは巨大な宇宙的陰謀のようだ。われわれの宇宙における不変な事物は、空間でもなければ時間の流れでもない——光の速さである。そして宇宙の他のあらゆるものは、光が卓越した地位を維持できるように自分自身を調整するしか選択肢はないのだ。

空間と時間はどちらも相対的である。速度が光の速さに近づくにつれて、距離と時間の間隔は著しく歪《ゆが》むようになる。ある人の個人的な空間的距離は、別の人の個人的な空間的距離とは同じではない。ある人の個人的な時間の間隔は、別な人の個人的な時間の間隔とは同じではない。

時間は観測者が異なれば、進む速度も異なることが判明しており、おたがいに対していかに速く運動するかによって決まる。そして時計の針の進みかたの不一致は、運動が速くなるほど大きくなる。あなたが速く進めば、それだけ年をとるのが遅くなる！[*2] 人間の歴史のほとんどで時間が遅れている単純な理由が隠されたままだったのは、単に速さが光の速さに近づいていなかったためだ。光の速さは桁外れに大きいので、それに比較すれば超音速ジェット機もカタツムリの速度で空を飛んでいるにすぎない。そうではなく、もし光の速さが毎時たった三〇キロメートルだったなら、真理を発見するのにアインシュタインのような天才は必要なかっただろう。時間の伸張とか距離の収縮といった特殊相対性理論の効果は、五歳の子供の目にもはっきりとわかるだろう。

時間に起きたことは、空間にも起きる。二つの物体のあいだにある空間的な距離は、観測者によって異なり、たがいに対してどれだけ速く動いているかによって変化する。そして、尺度の相違が大きくなるほど運動は速くなる。「速く進めば進むほど、スリムになる」とアインシュタインは述べた。[*3] くり返しになるが、もし私たちが光の速さに近い状態で移動しながら暮らしている場合には、これは自明のことだろう。しかし、われわれのように自然の低速車線で暮らしているものには、空間と時間は砂のように変わりやすく、不変の光の速さは宇宙を創造している岩であるという真理は見ることができないのである。

（もしあなたが相対性は難しいと考えているならば、「世界で一番理解が難しいのは所得税だ！」というアインシュタインの言葉を心に留めてほしい。しかし、イスラエルの初代大統領ハイム・ヴァイツマンが一九二一年にこの偉大な科学者と船で旅行した際に語ったことは無視しよう。「アインシュタインは毎日、彼の理論を説明してくれたので、目的地に到着するまでに、彼がそれを理解していることを私はすっかり確信した！」）

光より速く動くことができるものはあるだろうか？　たしかに、光線に追いつくことができるものはない。だが、「原子を構成している」粒子が存在して、光より速く永久に動いている可能性がある。物理学者はこの仮説的な粒子を「タキオン」と呼んでいる。もしタキオンが存在すれば、おそらく遠い未来には、われわれの身体の原子をタキオンに変え、また元に戻す方法を見つけることができるだろう。そのときには、われわれも光よりも速く旅することができるのだ。

しかし、タキオンが抱える問題のひとつは、ある運動をしている観測者の観点からは、光より速く運動している物体は時間を逆向きに動いているように見えるということだ！　次のような五行戯詩《リメリック》がある。

ライトという名の探査ロケットが、
昔、光よりはるかに速く旅をした。
ある日、彼は相対論的なやりかたで出発し、そしてその前の晩に帰り着いた！
作者未詳

タイムトラベルは物理学者の肝を冷やすのに充分である。なぜかと言えば、それは「パラドックス」、つまり、時間をさかのぼり、あなたのお祖父《じい》さんを殺すといった論理的な矛盾を引き起こす可能性を呼び起こすからである。もしあなたがあなたのお祖父さんを、あなたのお母さんをもうける前に殺した場合、どうしたら時間をさかのぼり、あなたのお祖父さんを殺すために生まれてくることができるのか、と議論は続く。しかし、物理学者のなかには、まだ発見されていない物理法則が介入してパラドックスに類したことが起こるのを妨げるので、タイムトラベルは可能かもしれないと考える者もいる。

相対性の意味

ところで、現実的には相対性は何を意味するのか？　そう、それはあなたが光の九九・五パーセントの速さで、もっとも近い星に行って帰ってくるのが可能であることだ。アルファケンタウリは地球から約四・三光年のところにあり、観光するのを短期滞在と仮定しても、地球を出発して戻ってくるのが約九年後になるだろう。しかし、あなたの視点からアルファケンタウりまでの距離は、相対性によって一〇倍収縮されるだろう。結論として、この往復旅行は一年の一〇分の九、約一一カ月しかかからない。もしあなたが二一歳の誕生日に宇宙船基地から双子の兄弟に手を振って出発したとする。あなたが帰宅するのは、まもなく二二歳になろうとするときで、双子の兄弟は三〇歳になっているだろう！[*4]

家にいる双子の兄弟は、どのようにこの事態を理解するのか。彼は、あなたが旅行中ずっとスローモーションで暮らしていたと想定するだろう。そして、本当に、もしなんらかの方法で、彼が宇宙船内部にいるあなたを観察することができたなら、船内のすべての時計が通常より約一〇倍ゆっくりと時を刻むなか、糖蜜のなかを動いているように見えただろう。あなたの双子の兄弟は、これは相対的な時間の伸張によるものだと正しく考える。しかし、あなたにとっては、壁にかけられたすべての時計とあらゆるものが、完全に通常の速度で動いているように見えるだろう。これが相対性の魔法である。

もちろん、アルファケンタウリに旅して帰るのが速くなればなるほど、それだけあなたの年齢と双子の兄弟の年齢の不一致は大きくなる。充分な速さで充分遠くまで宇宙を横断して旅をすると、帰ってきて双子の兄弟がずっと前に亡くなり、埋葬されていることを知るだろう。さらに速い場合には、地球自体がずっと昔に干上がって、死に絶えていることを知るだろう。実際、もし光の速さでほんの一瞬旅をすれば、時間はあまりにもゆっくりと進むため、宇宙の未来の歴史全体が早送りした映画のように、瞬く間に過ぎていくだろう！「未来を訪れる可能性を最初に知った者は、だれであれ、すごく恐ろしいものだ」とロシアの物理学者イーゴリ・ノヴィコフは語っている。

われわれはまだ、光に近い速さ（あるいは光の速さの〇・〇一パーセント）でもっとも近い星へ旅をして帰ってくる能力をもっていない。それにもかかわらず、時間の伸張は日常世界で――かろうじて――検出できる。超精密な「原子時計」の時間を合わせてから別々にして、ひとつは飛行機で世界中をまわり、もうひとつは自宅に置いたまま、実験が進められる。時計を再び照合させたとき、その実験では世界をまわった時計が家に置かれた時計よりもほんの少し短い時間の経過を記録した。移動している時計によって観測された短くなった時間は、アインシュタインの予測にぴったりだった。

時間が遅くなることは、宇宙飛行士にも影響を与える。ノヴィコフが名著『時間の川』で次のように指摘している。「一九八八年、毎秒八キロメートルの速さで一年間軌道をまわった後、ソヴィエトの宇宙ステーション・サリュートの乗組員は地球に帰還し、未来に一〇〇分の一秒足を踏み入れた」

飛行機と宇宙船は光の速さに較べて極度に遅いので、時間の伸張効果は微細である。しかし、宇宙線中の「ミュー粒子」の場合には、はるかに大きくなる。ミュー粒子は宇宙線――宇宙からきた高速度の原子核――が、地球の大気の上層部の空気分子に激しくぶつかるときに作りだされた原子を構成する粒子である。

ミュー粒子について知っておくべき重要なことは、それらが悲劇的に短命だということである。平均して、わずか一五〇万分の一秒で崩壊する。ミュー粒子は光の九九・九二パーセント以上のものすごい速さで大気中を移動するので、自己破壊する前にかろうじて〇・五キロメートル進むことができる。大気中の高さ約一二・五キロメートルの位置で宇宙線ミュー粒子が作られることを考えると、これはけっして遠くまでは進まない。したがって、実質的には、どれひとつ地上にはたどり着けないはずである。

ところが、あらゆる予想に反して、地球表面のどの一平方メートルにも毎秒数百個という宇宙線ミュー粒子がぶつかっているのである。このちっぽけな粒子は移動できるとされた権利をもっている距離の二五倍も遠くまで、まんまと移動してしまうのだ。そしてそれはすべて相対性のためなのである。

ものすごい速さで移動するミュー粒子が経験する時間は、地球上にいる人が経験する時間と同じではない。ミュー粒子には内部にいつ崩壊するのかを告げるアラーム時計が付いているとしよう。光の九九・九二パーセントの速さでは、少なくとも地上の観測者にとっては、時計は倍数約二五で遅くなる。その結果、宇宙線ミュー粒子は静止している場合よりも二五倍長く生きることになる——崩壊する前に地面に到着するまではるばる旅をするのに、充分な時間である。宇宙線ミュー粒子が地上にまさしく存在するのは、時間の伸張によるものである。

ミュー粒子の視点から見ると、世界はどのように見えるのだろうか？　あるいは、宇宙を旅している双子、あるいは世界中を飛びまわっている原子時計の視点から考えてみよう。これらすべての視点から見て、時間はまったく正常に流れる。結局のところ、それぞれはそれ自体との関連においては静止しているのだ。ミュー粒子を例にとってみよう。それは依然として一五〇万分の一秒後に崩壊する。しかし、ミュー粒子の視点から見ると、じっと静止しており、光の九九・九二パーセントの速さで近づいているのは、地球の表面である。したがって、それが旅しなければならなかった距離は倍数二五で収縮し、超短命にもかかわらず地上に到着することを可能にしている。

時間と空間のあいだの大いなる宇宙の陰謀は、見てきたようなやりかたではたらいているのだ。

なぜ相対性はかくあらねばならないのか

光に近い速さでは、時間と空間のふるまいは、じつに奇怪至極である。しかし、だれひとり驚かせる必要はない。自然の低速車線で暮らす私たちの日常経験が教えるところでは、ある人の時間間隔は別の人の時間間隔であり、ある人の空間距離は別の人の空間距離であることを教えているが、これら両方に対する私たちの信念は、実際にはいまにも倒れそうな仮定に基づいているのである。

時間を取りあげよう。生涯を費やしてその定義をむなしく試みることもできる。しかし、アインシュタインは、唯一の有用な定義は現実的なものであることを知っていた。私たちは時計を用いて時間の経過を計る。したがって、アインシュタインは語った。「時間とは時計が計るものである」（ときどき自明なことを語る才能が必要だ！）

だれもが二つの出来事のあいだで同じ時間間隔を計ろうとすれば、これは彼らの時計が同じ速さで時を刻んでいると言うのに等しい。しかし、だれもが知っているように、こんなことはけっして起こらない。あなたの目覚まし時計は少しゆっくりと進むかもしれないし、あなたの腕時計が少し速く進むかもしれない。私たちはこれらの問題を、折を見て時間を合わせることで克服する。たとえば、だれかに正しい時刻を訊ねて教えてもらうと、それに従って私たちは自分の腕時計を調整する。あるいはBBCラジオのピッという時報を聞く。しかし、時報を用いるとき、私たちはある暗黙の了解を設けている。その了解とは、ラジオ局で発表されたものは私たちのラジオまで届くのに時間がかからないというものである。つまり、私たちはラジオのアナウンサーが午前六時と言うのを聞くとき、それは午前六時なのだ。

時間をまったく要せずに伝わる信号は無限に速い——二つの言明は完全に等価である。しかし、私たちが知っているように、この宇宙には無限大の速さで伝わるものはなにもない。他方では、電波——裸眼では見えない光の一形態——の速さは、あらゆる人間的な距離に比べて途方もなく大きいために、送信機から私たちのもとへ瞬時に届くように感じられる。だから電波が無限大の速さで伝わるという了解は、もちろん正確ではないが、通常の環境では間違ってはいない。だが、もし送信機からの距離がものすごく長ければ、どういうことが起こるのだろうか？　たとえば、送信機が火星にあるとしたら？

火星がもっとも近いときには、地球までの距離を信号が飛び越えるには五分かかる。もし火星にいるアナウンサーが午前六時を告げる声が地球上で聞こえるときに、時計を午前六時に合わせれば、誤った時刻に合わせることになるだろう。それを避けるためには、五分間の遅れを考慮に入れる必要があることは明白で、午前六時というのを聞いたときには、午前六時五分に合わせればいいのである。

もちろん、すべては地球から火星まで信号が伝わるのにかかる時間を知ることにかかっている。実際には、これは地球からの電波信号が火星で跳ね返され、戻ってきた信号を受け取ることで測定できる。もしひとまわりするのに一〇分かかれば、火星から地球までの旅は五分かかるにちがいない。

信号を無限に速く送る手段がないことは、したがって、万人の時計の時刻を合わせるうえで問題にならない。光信号を跳ね返すことによって、時間の遅れを考慮に入れることで、時刻を合わせることができる。厄介なのは、これが完璧にうまくいくのは、他のすべてのものに対して万物が静止している場合に限られることである。実際には、宇宙の万物は他のすべてのものに対して運動している。そして、運動している観測者のあいだで光信号を跳ね返しはじめるわずかな瞬間に、光の速さが奇妙に一定であることが常識に大混乱を引き起こしはじめる。

地球と火星のあいだに宇宙船が運航しており、それがあまりにも速く動いているので、それと比較すれば、地球も火星も静止しているように見えるとしよう。前回同様、あなたが火星に電波信号を送り、それが火星で跳ね返ったものを、今度は地球上であなたがそれを受け取ると仮定する。前回同様、ひとまわりするには一〇分かかるので、あなたは信号がわずか五分後には火星に着いたと推論する。もう一度、もしあなたが火星からの信号を受け取り、午前六時だと言えば、あなたはそれが届くのに要する時間の遅れを考慮して、実際には午前六時五分だと推定するだろう。

さて、宇宙船を考えよう。あなたが火星に電波信号を送る瞬間に、宇宙船は全速力で火星に向かうとしよう。宇宙船上の観測者は何時に電波信号が火星に到着すると考えるのだろうか？観測者の観点に立てば、火星が近づいてくるので、電波信号はより短い距離を移動することになる。しかし、信号の速さは、あなたにも、宇宙船上の観測者にも同じである。結局、これは光の中心的な特性である――それは万人にとってまったく同じ速さなのだ。

速さは、要するに、与えられた時間内にあるものが動く距離にすぎないことを思い出そう。もし宇宙船上の観測者が短くなった距離を電波信号が移動するのを見て、それでもなお同じ速さを測定しているとすれば、観測者もより短い時間を測定しているのかもしれない。言い換えると、観測者はあなたが火星に電波信号が到着すると推論するよりも、もっと早く到着すると推定する。観測者にとって、火星上の時計はもっとゆっくり時を刻んでいるのである。もし観測者が火星から午前六時という時報を受け取れば、彼らは短い時間の遅れを用いてそれを修正し、六時五分ではなく、たとえば六時三分だと結論するだろう。

結論としては、たがいに運動している二人の観測者は、遠方の出来事に対して同じ時間を割り当てることはけっしてないということ。彼らの時計はつねに異なる速さで動いている。そしてさらに重要なのは、この差異が絶対的原則だということである――どんなに時間の合わせかたを創意工夫したところで、抜け道を見つけることはできないのだ。

時空の影

時間の緩慢さと空間の収縮は支払わねばならない代価であるので、宇宙におけるすべての人はどのような運動状態にあっても同じ光の速さが観測される。だが、これはほんの始まりにすぎない。

二つの星があり、宇宙服を着た人物がこれらの星々の中間の暗闇に浮かんでいるとする。二つの星が爆発し、浮かんでいる人物はそれらが同時に破裂するのを見ている――目も眩《くら》むような閃光《せんこう》が、彼のどちら側にも見えると仮定する。さて、二つの星を結ぶ直線に沿ってとてつもない速さで移動している一艘《そう》の宇宙船を思い描こう。宇宙服を着た人物がちょうど二つの星が爆発するのを見るときに、この宇宙船が彼の近くを通りすぎる。宇宙船の飛行士は何を見るだろうか?

宇宙船は一方の星に向かって飛んでおり、他方の星からは離れていくので、近づいている星からの光は退いていく星からの光より先に到達するだろう。したがって、二つの爆発は同時には見えないだろう。その結果、光の速さが一定であるために、「同時性」の概念さえ成り立たなくなる。一方の観測者が同時的だと見る出来事は、この観測者に対して動いている別の観測者には同時的ではない。

ここで重要なのは、爆発している星々が空間の距離によって隔てられていることである。一方の人が空間だけによって隔てられている出来事と見るものを、別の人は空間と時間によって隔てられている出来事と見る――そしてその逆も成り立つ。一方の人が時間だけによって隔てられている出来事と見るものを、別の人は時間と空間によって隔てられている出来事と見る。

したがって、すべての人が同じ光の速さを測定するために支払う代価は、あなたの側を高速で通りすぎてゆくだれかの空間が縮むあいだ時間が遅くなるだけではなく、彼らの空間のあるものが時間のように見え、彼らの時間のあるものが空間のように見えることだ。一方の人の空間距離は、別の人の時間間隔と空間距離である。そして、一方の人の時間間隔は、別の人の時間間隔と空間距離である。空間と時間がこのやりかたで入れ替え可能であるという事実は、私たちに空間と時間に関して注目に値する予期せぬ何かを教えている。基本的には、それらは同じこと——あるいは少なくとも同じコインの裏表なのだ。

これを最初に——もっとはっきり言えば、アインシュタイン自身よりも早く——見抜いた人は、アインシュタインのかつての数学教授ヘルマン・ミンコフスキーであった。この人は何もしようとしないその学生を「怠け犬」と呼んだことで有名である（ミンコフスキーの名誉のために付け加えるが、彼は後に前言を取り消した）。ミンコフスキーは語った。「ただいまより、空間自体と時間自体は単なる影となって沈み、それらを統合させたものだけが生き延びるだろう」

ミンコフスキーはこの空間と時間の奇妙な統合を「時空」と名付けた。もし私たちが光に近い速さで移動しながら生活を送るなら、その存在は歴然として明白である。しかし、自然の超低速車線で暮らしている私たちは、統合されたものを感じることはけっしてできない。その代わりに私たちが垣間見るものは、その「空間」と「時間」の断片だけなのだ。

ミンコフスキーが言うように、空間と時間は時空の「影」に似ている。中央と任意の点を中心にコンパスの針のように回転することができる、部屋の天井から吊《つ》るされたステッキを思い浮かべてみよう。明るい光がステッキの影を一方の壁に投げかけ、第二の明るい光が隣の壁にその物体の影を投げかける。もし望むならば、一方の壁に映ったステッキの影の大きさをその「長さ」と呼び、隣の壁に映ったステッキの影の大きさをその「幅」と呼んでもいい。では、ステッキがぐるっと回転したら何が起こるだろうか？

それぞれの壁に映った影の大きさは、明らかに変わる。「長さ」が小さくなると、「幅」は大きくなり、その逆も成り立つ。実際には、「長さ」は「幅」に変わるように見え、「幅」は「長さ」に変わるように見える——あたかもそれらは同じものの側面であるにすぎないかのようだ。

もちろん、それらは同じものの側面である。「長さ」と「幅」は根本的なものではまったくない。それらは単に方向を示す仮構にすぎず、ステッキの観察の仕方は私たちが選ぶのである。根本的なものはステッキそれ自体であり、私たちは単に壁に映った影を無視して、部屋の中央に歩み寄って、見ることができる。

さて、「空間」と「時間」は、ステッキの「長さ」と「幅」にかなり似ている。それらは根本的なものではまったくないが、私たちの観点の——とりわけ、どれだけ速く運動しているかという――仮構である。しかし、根本的なものは「時空」であるものの、これは明らかに光に近い速さで動いている観点からのものにすぎない。これこそが日常生活において私たちのだれにも自明ではない理由である。

もちろん、ステッキと影の類似性はあらゆるものの類似性と同じく、ある点までは有益である。ステッキの「長さ」と「幅」は完全に等価であるが、時空の空間側面と時間側面については完全に正しいとは言えない。空間ではどの方向に動くことも可能だが、だれもが知っている通り、時間では私たちはひとつの方向にしか動くことができない。

時空は立体の実在であり、空間と時間は単なる影にすぎないという事実は、一般的な論点を提起する。難破船の船乗りたちが荒れた海で岩にしがみつくように、世界の意味を理解するためには、不変なものを必死に探さなければならない。私たちは「距離」と「時間」と「質量」のようなものを確認する。しかし、後になると、私たちが不変であると確認したものが、限定された観点からのみ不変であるにすぎないことを発見するのである。世界に対する視野を広げてみると、想像もしなかった他のものが不変なものであることを発見する。空間と時間についてもそうである。高速の有利な観点から世界を見るとき、空間でも時間でもなく、縫い目のない時空という実在が見えるのである。

実際には、私たちは空間と時間は解けずに絡みあっていると、とうの昔に推測できたはずである。月を考えよう。いまこの瞬間に、月はどんなふうに見えるか？　その答は、私たちは知りようがないというものだ。私たちが知ることができるのは、$1\frac{1}{4}$秒前の月の姿である。これは光が月から四〇万キロメートルを越えて地球まで飛ぶのにかかる時間である。では、太陽を考えよう。私たちにはそれがどんなふうに見えるかは知りようがなく、ただ、$8\frac{1}{2}$分前にはどうなっていたかを知るだけである。そしてもっとも近い恒星系であるアルファケンタウリについては、状況はもっと悪い。映像で我慢するしかないが、それを見るときにはすでに四・三年も時代遅れになっている。

要点はこうである。私たちは宇宙を「今」存在しているものとして望遠鏡を通して眺めるが、これは間違った見方である。私たちはこの瞬間に宇宙がどんなふうであるかをけっして知ることができない。空間をより遠くまで眺めれば眺めるほど、私たちはたくさんの時間をさかのぼって見ることになる。もし空間を横切って充分遠くまで眺めれば、時間を一三七億年さかのぼって、ビッグバンそのものに近いところを実際に見ることができるだろう。空間と時間は分かちがたく結ばれていっしょになっている。私たちが「そこにある」と見ている宇宙は、空間に広がっているものではなく、時空に広がっているものなのである。

私たちが騙《だま》されて空間と時間を切り離されたものと考えるようになる理由は、人間的な距離を移動するのに、光はほんのわずかな時間しか要しないため、その遅れに私たちが気づくことはめったにないからである。だれかと話をするとき、私たちは一〇億分の一秒前の彼らの姿を見ているのである。だが、この食い違いには気がつかない。なぜなら人間の脳が知覚できるどんな出来事よりも一〇〇〇万倍も短いからである。私たちが身の回りの知覚するすべてのものに「今」が存在すると信じるようになるのも無理はないのだ。だが、「今」は虚構の概念である。それは私たちがより広い宇宙――距離が膨大で、それを測るには何十億光年もかかる宇宙――についてよく考えれば、すぐに明白になるだろう。

宇宙の時空は広大な「地図」と考えることができる。すべての出来事――ビッグバンにおける宇宙の創造から地球上の特定の時刻と場所におけるあなたの誕生まで――がその上に割り当てられ、それぞれが独自の時空の位置をもっている。「地図」という考えかたは適切である。なぜなら、空間の裏面としての時間は、補足的な空間次元と考えることができるからである。しかし、「地図」というとらえかたは問題も引き起こす。もしすべてのことがほとんど宿命的に「割り当て」られているならば、過去、現在、未来の概念が入る余地がないはずだ。アインシュタインはこう述べている。「物理学者にとって、過去、現在、未来という区別は単なる幻想にすぎない」

それはかなり説得力のある幻想だ。にもかかわらず、過去、現在、未来という概念は、現実についてもっとも根本的な解説のひとつである特殊相対性理論でも、まったく取りあげられていないという事実は残る。自然はその概念を必要としないように見える。なぜ私たちがそれを必要とするのかは、未解決の大きな謎のひとつである。

$E=mc^2$ とその他もろもろ

特殊相対性理論は空間と時間の概念を根本的に変える以上のことをする。特殊相対性理論はその他のたくさんのことについても私たちの概念を変えた。その理由は、物理学の基礎的な量がすべて空間と時間に基づいているからである。もし相対性理論の言うように、空間と時間が適応性に富み、光の速さに近づくにつれて一方が不鮮明になり他方に変わるならば、他の実体も変化する——運動量とエネルギー、電場と磁場。融合して縫い目のない中間物として「時空」になる空間と時間と同じように、それらも光の速さを一定に保つためにほどくことができないほど混じりあい、結びつくだろう。

電気と磁気を取りあげよう。ちょうどある人の空間が別の人の時間であるように、ある人の磁場は別の人の電場であることがわかっている。電場と磁場は、電流を生じさせる発電機と電流を運動に変えるモーターのどちらにも不可欠である。「この電気の時代のあらゆる発電機とあらゆるモーターの回転する電機子は、耳を傾けるすべての人に相対性理論の真理をたえず宣言している」と一九四〇年代に物理学者リー・ページは書いた。私たちはスローモーションの世界で暮らしているので、電場と磁場は切り離された存在であると信じ込まされている。しかし、空間と時間のように、それらは同じコインの単なる裏表にすぎない。実際には、そこにはただひとつの縫い目のない実体、つまり電磁場があるだけなのだ。

同じコインの裏表であることが判明している他の二つの量は、エネルギーと運動量である。[*5] そして、このありそうにない結びつきに隠されているのが、おそらく相対性理論の最大の驚きである——それは質量がエネルギーの一形態であるということだ。この発見はすべての科学において、もっとも有名で、もっとも理解されない公式のなかに要約されている——$E=mc^2$。

*1　厳密に言えば、それぞれのランナーもまた循環しているように見えるだろう。だから、観客はいくぶん遠い端から彼らの一人ひとりを見ることになるだろう——正面観客席から離れている側は、通常は隠されている。この奇妙な効果は、相対論的収差とか相対論的偏移と呼ばれている。しかし、本書では取り扱わない。

*2　正確に言えば、静止している観測者は運動している観測者に対して因子 γ だけ遅くなっていることがわかる。ここでは $\gamma=1/\sqrt{(1-(v^2/c^2))}$ であり、v と c は運動している観測者の速さと光の速さである。c に近い速さのときには、γ は極端に大きくなり、運動している観測者に対して時間はほとんど静止に近くなる！

＊3　正確に言えば、静止した観測者は運動している物体の長さに対して因子γだけ収縮することがわかる。ここでは$\gamma=1/\sqrt{(1-(v^2/c^2))}$であり、$v$と$c$はそれぞれ運動している観測者の速さと光の速さである。cに近い速さのときには、γは極端に大きくなり、物体はその運動する方向にパンケーキのように平べったくなる！

＊4　実際、この議論には微妙な欠点がある。運動は相対的なので、地球にいる双子が宇宙船から光の九九・五パーセントの速さで遠ざかっているのは、地球であると見なしてもまったく正しい。しかし、この観点は、以前とは反対の結論を導く――あなたに対して相対的に遅くなっているのは、あなたの双子の時間である。明らかに、時間があなたがたの一方に敬意を表して、それぞれが遅くなることはありえない。この「双子のパラドックス」として知られているものの解決は、あなたの宇宙船の時間が実際に遅くなり、それはアルファケンタウリで進行方向を反転していることを理解することにある。この減速のために、二つの観点――動いているあなたの宇宙船、あるいは動いている地球――は、本当は等価ではなく入れ替え不可能なのである。

＊5　物体の運動量はそれを止めるのにどれだけの力が必要であるかを表す尺度である。たとえば、石油タンカーは時速わずか数キロメートルで動いているにすぎないが、時速二〇〇キロメートルで突っ走っているF1のレーシングカーよりも、はるかに止めるのが困難だ。石油タンカーは大きな運動量をもっている。

8　$E=mc^2$ と太陽光線の重さ

光子は質量をもっている?!?　彼らがカトリック教徒だったことさえ私は知らなかった。

ウディ・アレン

これは想像しうる最大規模の大浴場である。そして、そうだ、耐熱設備も備えている。実際、あまりにも大きいので、星一個分の総重量がある。今日、もっとも近くの星、つまり太陽の重さを量っている。デジタル表示はぴたりと止まり、２×10^{27}トンを指し示している。だが、ちょっと待て、何かが間違っている。重量計は正確無比である。それは重量計についてその規模と耐熱性に加えて、特筆すべきもうひとつのことだ！　しかし、一秒毎に、表示が更新されるとき、一秒前に示されたよりも四〇〇万トン減っている。何が起きているのか？　たしかに太陽は実際には一秒毎に、超大型タンカーの重量分だけ軽くなっていないだろうか？

ところが、軽くなっているのだ！　太陽は太陽光を宇宙に放射しながら、熱エネルギーを失いつつある。そして、エネルギーは実際になんらかの重さがある。[*1]だから、太陽が太陽光を放てば放つほど、軽さも増す。注意してほしいのは、太陽は大きいので、私たちが話題にしているのは、一秒毎に総重量の何千兆分の一、何千京分の一ずつ減っているということにすぎない。これは太陽が誕生して以来、総重量のほぼ〇・一パーセントに相当する。

エネルギーはたしかにいくらかの重さがあるという事実は、彗星《すいせい》のふるまいからあざやかに見てとれる。彗星の尾はつねに、吹き流しが嵐の反対方向を指すように、太陽の反対方向を指す。[*2]二つに共通なものは何だろうか？　両方とも強い風の力によって押しだされていることだ。吹き流しの場合には、それは空気の風である。彗星の尾の場合には、太陽から吹きつける外向きに流れている光の風である。

吹き流しは無数の空気分子と衝突している。このたえまない爆撃がその構造物を押しやり、外向きに吹きつける原因になっている。宇宙の彼方でも事情はほとんど同じだ。彗星の尾は無数の光の微粒子に叩かれている。これらの「光子」のマシンガンのような爆撃が、彗星の気体を伸ばす原因になっており、何千万キロメートルのなにもない空間に吹きつける。[*3]

しかし、空気分子に衝突している吹き流しと光子に当てられた彗星の尾とでは、重要な違いがある。空気の分子は物質の固い粒である。それらは小さい弾丸のように吹き流しの原材料にドンと当たり、そうすることで吹き流しに反動を引き起こす。しかし、光子は固い物質ではない。それらは実際、質量をもたないのである。では、どうして空気の分子と似たような効果をもちうるのだろうか?

さて、光子がエネルギーをもっていることは確かである。夏の陽差しのもとで日光浴するとき、皮膚に溜まる太陽の光の熱について考えよう。そのエネルギーは実際にいくばくかの重さをもたなければならないというのが、必然的な結論だ。[*4]

これは光が捕らえられないことから直接導かれる結果であることがわかっている。その理由は、光の速さは到達できない究極の速さであるからで、どれだけ強烈に押されても、光の速さまで加速できる物体はない。光の速さは私たちの宇宙で無限大の速さの役割を演じていることを思い出そう。ちょうど無限大の速さに物体を加速するには無限の量のエネルギーが必要なように、あるものを押して光の速さにするには無限の量のエネルギーが必要なのである。言葉を換えて言えば、光の速さを得るのが不可能である理由は、宇宙に含まれているよりも多くのエネルギーを要するからである。

それでは、ある質量を光の速さにどこまでも近づけていけばどうなるだろうか? 究極の速さは達成不能であるから、物体が究極の速さに近づけば近づくほど、押すことが難しくなるだろう。

押すことが難しいというのは、大きな質量をもっていることと同じである。事実、物体の「質量」はまさにこの性質によって——いかに押すことが難しいかで——定義される。いっぱいに詰め込まれて動かすのが難しい冷蔵庫は、質量が大きいと言われるが、一方で、簡単に動かせるトースターは質量が小さいと言われる。したがって、物体が光の速さに近づくにつれて押すことが難しくなったときには、質量が大きくなったと言われるかもしれない。実際、物体が光の速度にそれ自体で到達したら、無限大の質量を獲得できるだろうか。これはその加速に無限の量のエネルギーを必要とすることを別の言いかたで述べたにすぎない。どんな仕方で眺めようとも、それは不可能なのである。

現在では、エネルギーは創造することも破壊することもできず、ただ形をある外見から別の外見に変えるだけだというのが、自然の基本法則である。たとえば、電気エネルギーは電球のなかで光のエネルギーに変わる。音のエネルギーはマイクロフォンのなかで振動板を揺らす運動エネルギーに変わる。では、光に近い速さで運動している物体をさらに押すエネルギーを加えたら、何が起きるだろうか？　エネルギーは物体の速さを増加することはほとんどできないだろう。なぜなら、光に近い速さで運動している物体は、すでに究極の速さの限界すれすれのところで動いているからである。

物体をより激しく押すにつれて増加する唯一のものは、その質量である。だとすると、すべてのエネルギーの行き先はここにちがいない。しかし、思い出してほしいのだが、エネルギーはある形から別の形に変化することしかできない。アインシュタインが発見した必然的な結論は、結局、質量はそれ自体エネルギーの一形態であるということだ。質量 m という物質のかたまりに閉じ込められたエネルギーに対する公式は、おそらくすべての科学のなかでももっとも有名な方程式 $E=mc^2$ である。そこでは、c は光の速さを表す科学者の簡便な記号である。

エネルギーと質量の関係は、アインシュタインの特殊相対性理論のあらゆる結論のなかで、おそらくもっとも注目に値する。そして空間と時間の関係と同じように、それは相互的なものだった。質量がエネルギーの一形態であるばかりか、エネルギーもまた有効質量をもっている。乱暴に言えば、エネルギーにはなんらかの重さがある。

音のエネルギー、光のエネルギー、電気的エネルギー——思いつくどんな形態のエネルギーでも——はすべてなんらかの重さがある。ポットに入ったコーヒーを温めるとき、それに熱エネルギーを加える。しかし、熱エネルギーはなんらかの重さがある。その結果、一杯のコーヒーは熱い方が冷たい方よりわずかに重い。ここで重要な言葉は「わずかに」である。重さの違いはあまりにも小さすぎて量れない。事実、エネルギーが重さをもつことはあまりに理解しにくいことなので、そのことに最初に気がつくにはアインシュタインの天才を必要としたのである。にもかかわらず、少なくともエネルギーの一形態――太陽の光のエネルギー――は、彗星と相互作用するときに質量をもつことを明らかにしたのである。

光のエネルギーはなんらかの重さをもっているので、光は彗星の尾を押すことができる。光子はエネルギーのおかげで「有効」質量をもっている。

よく知られたもうひとつのエネルギーの形態は、運動エネルギーである。あなたが高速で自転車を走らせれば、このようなものが存在していることに疑いをもたなくなるだろう。運動エネルギーは他のすべてのエネルギー形態と同じように、なんらかの重さをもっている。だから、あなたは歩いているときよりも、走っているときの方がほんの少しだけ重い。

なぜ太陽の光の光子が彗星の尾を押すことができるのかを説明するのは、運動エネルギーである。それらは実際には固有の質量がないので、説明が必要である。もし固有の質量があったなら、結局、光の速さで旅をすることは不可能であろう。この速さは質量をもつすべての物体には禁止されているのだ。その代わりに光がもっているのは有効質量、つまり運動エネルギーをもつという事実に基づく質量である。

運動エネルギーの存在はまた、なぜ一杯のコーヒーが冷たいときよりも熱いときのほうが重いのかも説明する。熱はミクロの運動である。液体あるいは固体の原子が小刻みに揺れ動き、その一方で、気体の原子はあちらこちらへ飛びまわる。熱いコーヒーの原子は冷えきったコーヒーの原子よりも速く揺れ動くために、より多くの運動エネルギーをもっている。その結果として、コーヒーは重さが増すのだ。

帽子から飛びだすウサギ

エネルギーが等量の質量、あるいはなんらかの重さをもつ話は、これまでとしよう。質量がエネルギーの一形態であるという事実にもまた、深遠な意味がある。ある形態のエネルギーは別の形態に転換できるので、質量‐エネルギーは他の形態のエネルギーに変換できるし、逆に、他の形態のエネルギーは質量‐エネルギーに変えることができる。

後者の過程を取りあげてみよう。もし質量‐エネルギーが他の形態のエネルギーから作ることができるならば、それ以前には質量が存在していなかったところに質量がポンと現れることが可能になる。これがまさに巨大な粒子加速器や原子核破壊装置で起こることである。たとえば、素粒子物理学のヨーロッパの中心であるジュネーヴに近いCERN（欧州原子核研究機構）では、「素」粒子――原子のレゴブロック――は地下の競技場をぐるぐる駆けめぐり、光に近い速さで一団となって激突する。すさまじい衝突のなかで、粒子の膨大な運動エネルギーは質量‐エネルギーに転換される――物理学者が研究したいと願う新しい粒子の質量になる。衝突点では、これらの粒子は明らかに何もないところから、帽子から飛びだすウサギのように現れてくるのだ。

この現象は、ひとつの形のエネルギーが質量‐エネルギーに変わる一例である。しかし、質量‐エネルギーが他の形のエネルギーに変わることについてはどうだろうか。それは起こるのだろうか？　起こるのだ、いつでも。

ダイナマイトの一〇〇万倍もの破壊力

燃えているひとかけらの石炭について考えよう。それが放出する熱がなんらかの重さをもつために、石炭はしだいに質量を失う。そこで、もし燃焼しているすべての製造物――灰、放出された気体など――を集めて重さを計ることができれば、それらは最初の石炭のかたまりの重さより減っていることがわかるだろう。

石炭が燃えるときに熱エネルギーに変わる質量‐エネルギーの総量は、あまりに小さいので実質的に測定不能である。にもかかわらず、自然界には質量が目立って他の形態のエネルギーに転換される場所がある。一九一九年、イギリスの物理学者フランシス・アストンが原子の「重さを量っている」あいだに確認された。

自然界で見出される九二種類の原子の一つひとつが、二種類のはっきり異なる素粒子――陽子と中性子――からできていることを思い出そう。[*5] これら二つの核粒子の質量は実質的に同じだから、少なくとも重さに関するかぎり、原子核はただ一種類の組み立てブロックで作られていると考えることができる。それをレゴブロックと考えよう。それゆえ、もっとも軽い原子核である水素はただ一種のレゴブロックでできており、もっとも重い原子核であるウランは二三八種のレゴブロックで作られている。

さて、おそらく宇宙はただ一種類の原子――もっとも簡単な水素――から始まったのではないだろうか。このことに一九世紀初頭から気づいていたものがいた。そのとき以来、すべての他の原子は水素のレゴブロックをつなぎ合わせることによって、水素からどうにかして作られたのである。この考えかたの根拠は、一八一五年にロンドンの医師ウィリアム・プラウトによって提唱され、それはリチウムのような原子は水素の重さのちょうど六倍であり、炭素のような原子は水素のちょうど一二倍であるなどというものだった。

しかしながら、アストンが発明した「質量分析器」と呼ばれる装置を使って、もっと精密にいろいろな種類の原子の質量を比較してみると、なにかが異なることが発見された。事実、リチウムの重さは、水素原子六個に心持ち足りないし、炭素の重さは、水素原子一二個に心持ち足りない。もっとも大きな不一致は、二番目に軽い原子であるヘリウムだった。ヘリウム核は四つのレゴブロックを集めたものだから、本来ならば水素原子の四倍の重さがあってしかるべきだ。その代わりに、四個の水素原子よりも〇・八パーセント軽いのである。一袋一キログラムの砂糖を四袋、秤《はかり》で量ったところ、四キログラムよりも約一パーセント軽いことを見つけたようなものだ！

プラウトが確信していたように、もしすべての原子は水素原子のレゴブロックを寄せ集めて作られたとすれば、アストンの発見は原子の作りかたについて注目すべきことを明らかにしたのである。この過程のあいだに、かなり大きな量の質量－エネルギーが脱走を図ったのだ。

質量－エネルギーは、あらゆる形態のエネルギーと同じく破壊できない。ある形から別の形に変わることができるだけで、究極的にはいちばん低いエネルギー形態、つまり、熱エネルギーになる。その結果、もし一キログラムの水素が一キログラムのヘリウムに転換されれば、八グラムの質量－エネルギーが熱－エネルギーに転換されるだろう。驚くことに、これは一キログラムの石炭を燃やしたときに解放されるエネルギーの一〇〇万倍以上になるのだ。

一〇〇万という数値は、天文学者の注意を惹かないわけにいかなかった。何千年ものあいだ、何が太陽を燃やしつづけているのか人々は不思議に思っていた。紀元前五世紀には、ギリシアの哲学者アナクサゴラスは、太陽は「ギリシアほど大きくはない赤熱した鉄の球」だと推測した。後に一九世紀、石炭の世紀になると、物理学者は当然、太陽が巨大な石炭のかたまりかどうかを疑った。太陽はあらゆる石炭のかたまりの生みの親になるべきだった！　しかし、物理学者が見出したのは、もし太陽が石炭のかたまりであれば、約五〇〇〇年で燃え尽きるということだった。厄介なのは、地質学と生物学からの証拠が、地球は——そして言外に太陽も——少なくとも一〇〇万倍も古いことだった。太陽は石炭よりも一〇〇万倍も濃縮されたエネルギー源を利用しているというのが免れることのできない結論であった。

総合して正しい判断をくだしたのが、イギリスの天文学者アーサー・エディントンだった。太陽は原子エネルギーあるいは核エネルギーが動力源であると彼は推測した。内部の深いところでは、もっとも軽い物質の原子、つまり水素が一団となってくっついて、二番目に軽い原子、つまりヘリウムを作る。この過程で、質量‐エネルギーは、熱と光のエネルギーに変えられていた。太陽の桁外れの出力を維持するためには、毎秒質量四〇〇万トン——一〇〇万頭の象に相当——が破壊されていた。これこそが太陽光の究極的な源である。

この議論が、なぜ軽い原子から重い原子を作ることが、そんなにも多くの質量‐エネルギーを他の形態のエネルギーに転換してしまうのかという問題を都合よく回避する。余談が役に立つかもしれない。

あなたがある家の前を歩いていると、ちょうど石板《スレート》が屋根から落ちてきて、頭に当たったと仮定しよう。エネルギーはこの過程で解放される。たとえば、スレートがあなたの頭に当たったときのパシッという音、つまり音のエネルギー。あなたはスレートのせいでひっくり返っているかもしれない。次に、熱エネルギーがある。もしスレートとあなたの頭の温度を非常に正確に測ることができれば、それまでよりもわずかだけ温度が高いことがわかるだろう。

これらすべてのエネルギーはどこから来たのか？　答は重力からだ。重力は任意の二つの物体のあいだにはたらく引力である。この場合には、地球とスレートのあいだの重力がそれらを近くに引き寄せる。

さて、もし重力が現在の二倍大きかったなら、どういうことが起こるだろうか？　明らかに、スレートは地球により速く引っ張られるだろう。当たったときにはより大きな音を出したり、余計に熱を発生したりするだろう。要するに、より多くのエネルギーが解放されるだろう。重力が一〇倍大きかったらどうだろうか？　より多くのエネルギーが束縛を解かれるだろう。では、もし重力が何千兆倍、何千京倍も大きければどうだろうか？　明らかに、粉々に崩れるスレート（そして地球とスレートの結合物は、ヘリウム原子のように軽くなるだろう）からは信じられないような莫大なエネルギーが解き放たれるだろう。

これは単なるファンタジーにすぎないのか？　まさか重力の何千兆倍、何千京倍も大きな力はない？　それがあるのだ。その力はいままさにこの瞬間にも私たちの一人ひとりに作用している！　それは核力と呼ばれ、原子の核をひとつに結合させている「接着剤」である。

二つの軽い原子の核を取りあげ、スレートが地球上で重力を受けて落ちていくのと同じように、それらが核力を受けていっしょに落ちると仮定しよう。その衝突はすさまじく激しいものであり、莫大な量のエネルギー――同じ重さの石炭を燃やすことに比べて一〇〇万倍も大きいエネルギー――が解き放たれるだろう。

原子を作っているものは、太陽のエネルギー源だけではない。それは水素爆弾のエネルギー源でもある。それだけの理由で水素爆弾は作られる――水素核（通常は水素の重い仲間であるが、それはまた別の話だ）を強くぶつけあわせてヘリウム核を作る。ヘリウム核は水素の組み立てブロックを結合させたものの重さよりも軽い。そして失われた質量は核の火球の莫大な熱エネルギーとして再び出現する。一メガトンの水素爆弾の破壊力――広島を荒廃させたものの約五〇倍――は、質量一キログラムにすぎないものを破壊することで生まれる。「もし知っていたなら、時計職人になったのに」と核爆弾の開発で果たした役割を思い返しながら、アインシュタインは語った。

質量のエネルギーへの完全な転換

アインシュタインが質量を軽視して、それを無数にあるエネルギー形態のひとつにすぎないと見なしたとはいえ、それはある意味で特別だった。つまり、質量は私たちの知るエネルギーのもっとも集中した形態だった。事実、方程式 $E=mc^2$ にはこの事実が要約されている。物理学者の記号として光の速さを表す c は、毎秒三億メートルという大きな値である。その数を二乗すると、いっそう大きな数になる。この公式を一キログラムの物質に適用すると、9×10^{16}ジュールというエネルギーが含まれていることを示す。それは世界の全人口を宇宙空間まで運ぶのに充分なエネルギーである！

もちろん、一キログラムの物質が内包しているこの種のエネルギーをそっくり取りだすには、もうひとつの形態のエネルギーに完全に転換する必要があるだろう——つまり、その質量をすべて壊すことが必要である。太陽の内部における核過程と水素爆弾は、物質に閉じ込められているエネルギーのかろうじて一パーセントを解放するにすぎない。しかし、自然はこれよりもはるかに優れたことができることが明らかになっている。

ブラックホールは重力があまりにも強くて、光でさえそのなかから脱出できない空間領域である——それゆえ「黒い」のである。ブラックホールはずしりと重い星が文字通り唐突に姿を消すまで破滅的に縮んでいき、最期を迎えた後に残す遺物なのである。水が栓の孔に吸い込まれていくように、物質がブラックホールに渦を巻いて落ちていくにつれて、その物質は自分自身と摩擦し、白熱するまで熱を上げる。エネルギーは熱と光の両方に解き放たれる。ブラックホールが最大限の速さで回転している特別な場合には、解放されたエネルギーは渦に巻き込まれている物質の質量の四三パーセントに相当する。このことが意味するのは、同じ割合なら、ブラックホールに落下する物質は、太陽や水素爆弾の源となる核過程よりもエネルギーを生みだすうえで四三倍効率的であるということだ。

そしてこれは単なる理論ではない。宇宙は「クエーサー」と呼ばれる天体——新生銀河のきわめて明るく輝く核——を含んでいる。私たちの銀河系でさえ、一〇〇億年の昔、不安定な幼年期に、その中心にクエーサーを一個もっていたかもしれない。クエーサーについて頭を悩まされるのは、それがしばしば一〇〇個の通常の銀河の光エネルギー——つまり一〇兆倍の太陽——を汲《く》みあげることである。しかも、わが太陽系よりも小さな領域からだ。そのすべてのエネルギーが星々からもたらされることはない。つまり、一〇兆倍の太陽を、このような小さな空間の容積に納めることは不可能だろう。それは物質を吸い込んでいる巨大なブラックホールだけがもたらすことができる。したがって、天文学者はクエーサーが「超高質量」のブラックホール——太陽の三〇億倍の質量に達する——を含み、たえず星々全体を呑み込んでいると固く信じている。しかし、ブラックホールでさえ物質に含まれている質量のかろうじて半分しか他の形態のエネルギーに転換することができない。すべての物質をエネルギーに転換できる方法はないだろうか？　答はイエスである。物質は実際、二つの型に分けられる——物質と反物質である。反物質については、物質と反物質が出会うときには質量‐エネルギーの一〇〇パーセントが一瞬のうちに他の形態のエネルギーに変わり、両者はたがいに破壊、あるいは消滅しあうことを知れば充分であろう。

現在、私たちの宇宙は、理由はだれも知らないが、ほとんど全部が物質から作られているように見える。少量の反物質が実験室で作られるとき、つねに等量の物質を伴って生まれてくる理由は、深い謎である。宇宙には必ずしも反物質がないので、欲しければ作るしかない。それは容易ではない。それを作るためには大量のエネルギーを注ぎ込む必要があるだけでなく——取りだすことが見込めそうな多くのエネルギーだ！——通常の物質に出会うとすぐに消滅するので、大量に蓄積するのは難しい。これまでのところ、科学者はどうにか一〇億分の一グラムを集めたにすぎない。

それでもやはり、反物質をたくさん作るという問題が解決できれば、想像できるかぎりもっとも強力なエネルギー源が私たちの自由になるだろう。すべての宇宙船が抱える問題は、燃料を携えていかねばならないことである。だが、燃料はかなり重い。だから宇宙まで燃料を運んでいく必要がある。たとえば、サターン五型ロケットは総重量三〇〇〇トンであり、その重さのすべて——大部分は燃料——は、二人の人間を月の表面に運んで、無事に地球まで帰還するのに必要である。反物質は解決法をもたらしてくれる。宇宙船は燃料として反物質をほとんど補給する必要がないだろう。なぜなら反物質は同じ分量ならば莫大なエネルギーを含んでいるからである。もしなんとかして星に行きたいと望むならば、物質からエネルギーを最後の一滴まで搾り取る必要があるだろう。そして『スター・トレック』のように、反物質を動力源にした宇宙船を建造しなければならないだろう。

＊1　私はここで重さという語を用いたが、これは毎日の暮らしのなかで用いられている質量と同義である。厳密に言って、重さは重力と等しい。

＊2　彗星は惑星間空間の巨大な雪玉である。もっとも外側の惑星の凍りついた遠い彼方には、このような天体が何十億個も軌道を描いていると考えられている。ときどき、ひとつが通りすがりの星の重力に引っ張られて、太陽に向かって落ちていく。熱されるにつれて、表面の氷が溶けて、歪み、蒸発して、真空中に長い輝く気体の尾を作る。

＊3　実際、彗星の尾は、太陽からの光と太陽プラズマが組みあわさったものによって押されている。太陽プラズマは時速一六〇万キロメートルで太陽から吹きつける原子を構成する粒子——大部分は水素の原子核。

＊4　厳密に言うと、光子がもっているものは運動量である。言い換えると、光子を止めるには、この運動量を消費する努力が必要だ。この努力は、結果的に粒子を放出する彗星の尾によってもたらされる。

＊5　もちろん、もっとも共通な水素の同位元素を除き、原子核は一個の陽子で構成されており、中性子はない。

9　重力という力は存在しない

大発見は、ある日突然やってきた。私はベルンの特許局で椅子にすわっていた。突然、考えが閃いた。もしある男が自由に落下すると、その男は自分の体重を感じない。私は面食らった。この簡単な思考実験は、私に深い印象を留めた。これが私を重力の理論に導いたのだ。

アルベルト・アインシュタイン

彼女たちは二〇歳の双子の姉妹である。マンハッタンにある同じ摩天楼で働いている。ひとりは一階のブティックの販売員で、もうひとりは五二階のレストラン「ハイ・ルースト」のウェイトレスである。午前八時三〇分。ふたりは回転ドアを通ってロビーに入り、それから別々の道を行く。ひとりは大理石の広間をまっすぐに横切って一階のショッピングモールへ、もうひとりはドアが音を立てて閉まる直前に高速エレベーターに飛び乗る。

エレベーターの上に取り付けられた時計の針がぐるりとまわる。いまは午後五時三〇分だ。一階ではブティックの販売員の双子が、上階からエレベーターが降りてくるのを示す大きな赤い指示器の光を見つめている。「キンコン」という音とともにドアが勢いよく開き、ウェイトレスの姉が出てくる……八五歳の腰の曲がったお婆さんが、銀色の歩行器につかまりながら！

もしこのシナリオが純然たるファンタジーだと思うなら、もう一度考えてほしい。それが誇張であることは認めるが、真理を誇張したものである。本当に最上階にいるよりも一階にいる方が年をとることが遅いのだ。それはアインシュタインが特殊相対性理論の欠点を直すために一九一五年に考えついた「一般」相対性理論の枠組みの効果である。

特殊相対性理論の問題は、それが特殊であることだ。それはある人が見ていることに関係して別の人が一定の速さでそれらに対して運動しているのを眺めているとき、運動している人は運動方向に縮んでいき、時間が遅くなるように見えることがはっきりしている。この効果は光の速さに近づくにつれて、より顕著になる。しかし、一定の速さでの運動は、非常に特殊な種類のものである。物体は一般に時間にともない速さを変える——たとえば、車は信号機のところから加速して去るし、NASAのスペースシャトルは地球の大気圏に再突入するとき、速度が遅くなる。

したがって、一九〇五年にアインシュタインが特殊相対性理論を発表した後、取り組みたいと考えたのは、この問題だった——ある人は、別の人がそれらに対して加速しているのを眺めているとき、何を見るのか？　それから一〇年以上かけて、彼がたどり着いた答は「一般」を含んだ相対性理論だった。間違いなく、これはひとりの人物による科学への最大の寄与である。

アインシュタインがこの探究に着手したとき、ある問題が彼を特に悩ませた。つまり、ニュートンの重力の法則をどう扱うかである。それはほとんど二五〇年間にわたって挑戦を受けることなく有効だったが、基本的に特殊相対性理論と両立しないことはアインシュタインには明らかだった。ニュートンによれば、あらゆる質量をもつ物体は、他のあらゆる質量をもつ物体から重力と呼ばれる引力を受ける。たとえば、地球と私たち一人ひとりのあいだには重力がはたらいており、それが地球を太陽の周りの軌道にとらえている。太陽と地球のあいだにも重力がはたらいており、それが私たちの足を地面にしっかりくっつけている。アインシュタインはこの考えかたに反対はしていない。彼にとって難問は重力の速さだった。

ニュートンは重力が瞬間的にはたらくと想定していた——つまり、太陽の重力は空間を超えて地球に届き、地球はいささかの遅れもなく重力の引きを感じる。その結果、もし太陽がまさにこの瞬間に消滅したとすると——ありそうもないシナリオだが！——地球はたちどころに太陽の重力がなくなったことを感知し、その瞬間、星間空間に飛び去ってしまうだろう。

太陽と地球のあいだの大きな隔たりをまったく時間をおかずに超える力は、無限大の速さで伝わらねばならない——瞬時の伝達と無限大の速さは、完全に同じものである。しかし、アインシュタインが発見したように、なにものも——そして必然的に重力も含めて——光より速く伝わることはできない。太陽と地球のあいだを移動するのに光は八分ちょっとかかるので、それに倣って、もし太陽が突然消滅したとすれば、地球は少なくとも八分と少しのあいだは軌道を楽しげにまわりつづけ、それから振り落とされて星々へと向かうだろう。

重力が無限大の速さで空間を超えてたどり着くというニュートンの暗黙の仮定は、彼の重力理論の唯一の深刻な欠陥ではない。彼はまた重力は質量によって生みだされると仮定した。しかし、アインシュタインはあらゆる形態のエネルギーに有効質量、つまり、なんらかの重さがあることを発見していた。その結果、あらゆる形態のエネルギーは——単なる質量－エネルギーではなく——重力の源であるにちがいない。

したがって、アインシュタインが取り組んだ難問は、特殊相対性理論の考えかたを新しい重力理論に取り入れると同時に、特殊相対性理論を一般化して、加速された人には世界がどう見えるのかを記述することだった。アインシュタインの頭にアイデアが閃いたのは、彼がこれらの大問題について思索をめぐらしていたときだった。彼は二つの仕事はまったく同じものだったことを理解し、驚くとともに喜んだ。

重力に関する奇妙なこと

つながりを理解するためには、重力の特別な性質を理解することが必要である。すべての物体はその質量にかかわりなく、同じ速さで落ちる。たとえば、ピーナッツはちょうど人間と同じ割合で落下速度を増す。この性質に初めて気づいたのが、一七世紀のイタリアの科学者ガリレオだった。実際に、ガリレオは軽い物体と重い物体を取りあげて、ピサの斜塔のてっぺんからいっしょに落とし、この結果を証明したと言われている。伝えられるところによれば、二つの物体は同時に地面まで落下した。

地球上では、大きな表面積をもつ物体は空気中を通過する際に特別に遅くなるので、この結果はわかりにくい。だが、ガリレオの実験は、空気の抵抗がものごとを台無しにしない場所で実行できる——月の上だ。一九七一年、アポロ一五号の船長デイヴィッド・スコットは金槌《かなづち》と羽根をいっしょに落とした。たしかに、それらはぴったり同時に月の地面に落下した。

この現象で特別なのは、ふつう、物体は質量による力に反応して動く。木製のスツールと中身が詰まった冷蔵庫が、氷のリンクに乗っていると仮定しよう。そこはものごとを混乱させないように摩擦がないものとする。さらに、だれかが冷蔵庫とスツールをまったく同じ力で押すとしよう。スツールは冷蔵庫より軽いために、明らかに簡単に動きはじめ、よりすみやかに速さを増すだろう。

しかし、もしスツールと冷蔵庫に重力が作用したらどうなるか？　だれかがこれら二つを一〇階建てのビルの屋上から放りだしたとしたら？　この場合、ガリレオ自身が予測したように、スツールは冷蔵庫よりも速さを増さないだろう。質量が大きく違っているにもかかわらず、スツールと冷蔵庫はまったく同じ割合で地面に向かって加速するだろう。

さて、おそらく重力の中心をなす特別な性質は理解できただろう。大きい質量は小さい質量よりも、より大きい重力を経験する。そして、その力は質量に正比例するので、大きい質量は小さい質量とまったく同じ割合で加速されることになる。しかし、どのようにして重力はそれ自体が影響を及ぼしている質量に応じて力を調整するのだろうか？　アインシュタインの才能のおかげで、重力は信じられないほど簡単で自然な方法でそれをおこなっていることが解明された——さらにその方法は、私たちが抱く重力の実像に対しても深遠な意義をもっているのだ。

重力と加速度は等価である

ある宇宙飛行士が、上向きに毎秒九・八メートルの割合で加速度を増す部屋にいるとしよう。これは地球の表面に近いところで落下している物体が受ける重力加速度である。この「部屋」を、ロケットエンジンが点火したばかりの宇宙船の船室だと考えよう。さて、船室内で宇宙飛行士が金槌と羽根をもって、床から同じ高さのところで同時に手放すとする。何が起こるのか？　もちろん、金槌と羽根は床に落ちる。もっぱら特別な観点に信頼をおくとして、この出来事をどう解釈したらよいのか。

宇宙船が惑星のような大きな重力源から遠く離れており、金槌と羽根には重さがないと仮定する。すると、もし外部からX線のようなもので宇宙船内を覗き見れば、二つの物体が動かないまま宙に浮かんでいるのが見えるだろう。しかし、宇宙船は上向きに加速しているため、私たちには船室の床が急上昇して、金槌と羽根を競うようにして出迎えようとするのが見える。そのうえ、床がこれら二つにぶつかるときは、どちらも同時にぶつかるのだ。

宇宙飛行士は記憶喪失を患っており、宇宙船に乗っていることをすっかり忘れてしまっているとする。加えて、舷窓《げんそう》は真っ暗闇なので、どこにいるのかを教えてくれるものはない。彼は見るものをどのように解釈するのか？

さて、宇宙飛行士は金槌と羽根が重力によって落下したと主張する。結局、それらによって試されるのは、金槌と羽根が重力によって引っぱられているだろうという、ひとつのことだ――二つのものは同じ速さで落下し、床に同時にぶつかる（もちろん空気抵抗は無視する）。宇宙飛行士は、地球上の部屋にいるのとまさに同じように自分の両足が床にくっついているという事実から、見ていることは重力によるものだと確信を深める。事実、宇宙飛行士が体験することは、すべて彼が地球上にいたときに体験したことと見分けがつかないことが明らかだ。

もちろん、それは偶然でも起こりうることだ。しかし、アインシュタインは自然の深い真理に出くわしたと確信した。重力は実際、加速度と識別不能である。そして、それ以上に単純な理由はありえないだろう。重力は加速度なのだ！　アインシュタインが後に「私の生涯でもっとも幸せな考え」と呼んだこの理解が、重力理論の探究と加速度運動を記述する理論の探究はひとつであり、同じことだと確信させた。

アインシュタインは重力と加速度が識別不能であることを物理学の壮大な原理に高め、それを「等価原理」と命名した。等価原理は重力が他の力とは同じでないことを認める。事実、それは実際の力でさえない。私たちは全員が真っ暗闇の宇宙船内にいる記憶喪失の宇宙飛行士なのだ。私たちの周囲の状況が加速されていることを理解していないので、そのために川が丘を流れ下り、リンゴが木から落ちる事実を説明する別の方法を見つけなければならない。その唯一の方法が虚構の力、つまり重力を発明することである。

重力は存在しない！

重力が虚構の力であるという考えかたは、無理なこじつけに聞こえるかもしれない。しかし、日々の暮らしの他の場面においても、私たちは自分たちに起きていることを理解するために進んで力を発明するのである。あなたが道路の急カーブを疾走しながら曲がろうとする車の乗客だとしよう。あなたは外側へ飛ばされるように感じ、その理由を説明するために、ある力――「遠心力」――を発明する。しかし、実際にはそのような力は存在しない。

すべての重さのある物体は、いったん動きはじめると、一定の速さで直線上を動きつづける傾向がある。[*1]「慣性」と呼ばれるこの性質のために、車のなかの固定されていない物体は――あなたのような乗客を含めて――カーブを曲がる前に車が運動していたのと同じ方向に引きつづき運動する。しかし、道に沿って車のドアはカーブした経路をたどる。そのとき、あなたの身体がドアに向かって押しつけられるのも無理はない。しかし、車のドアは単に加速している宇宙船の床が金槌と羽根を出迎えようとしたのと同じやりかたで、あなたを出迎えようとしているにすぎない。[*2] そこには力は存在しない。

遠心力は「慣性力」として知られている。これを発明したのは、真理――つまり、周囲の状況が私たちに対して運動していること――を無視する方を選んで、私たちの運動を説明するためであった。しかし、じつを言えば、私たちの運動は慣性の結果、つまり、直線上を動きつづけるという自然の傾向の結果であるにすぎない。重力も慣性力であることを理解したのは、アインシュタインの並外れた洞察力だった。「重力と慣性は同一のものだろうか？」とアインシュタインは問うた。「この問いによって、私は重力の理論へと直接導かれたのだ」

アインシュタインによれば、私たちが重力をでっちあげたのは、リンゴが木から落ちる運動と惑星が太陽の周りをまわっていることを説明するために、私たちが真理——周囲の状況が私たちに対して加速していること——を無視したためである。実際、事物は単に慣性の結果として運動しているにすぎない。重力は存在しないのだ！

しかし、ちょっと待ってほしい。もし私たちが重力のせいだと考えている運動が、実際には単なる慣性の結果にすぎないとすると、それは地球のような物体が、じつは直線上を一定の速さで飛んでいるにすぎないことを意味するはずだ。そんなことは明らかにばかげている！　地球は太陽の周りで円を描いているのであり、直線上を飛んでいるのではない。そうだろうか？　いや、必ずしもそうではない。すべては直線をいかに定義するかにかかっている。

重力は湾曲した空間である

直線は二点のあいだの最短経路である。これは平らな紙の上では、たしかに真実である。だが、湾曲した表面——たとえば、地球の表面——の場合にはどうだろうか？　ロンドンとニューヨークを結ぶ最短ルートを飛んでいる飛行機を考えよう。どの経路をとるか？　宇宙空間から見下ろしている人には明白だ——湾曲した経路である。山の多い地形で、二点間を歩くハイカーを考えよう。ハイカーはどんな経路を選ぶのか？　高すぎて地形の起伏が見えない見晴らし台から見下ろしている人にとっては、ハイカーは前へ後ろへともっとも曲がりくねったやりかたで小刻みに揺れ動く。

予想に反して、二点間の最短経路は、つねに直線とは限らない。事実、直線であるのは非常に特殊な種類の表面、つまり平らな表面の上だけである。地球のような湾曲した表面では、二点間の最短経路はつねに曲線である。このことに照らしてみると、数学者たちは直線の概念を拡張して湾曲した表面を含めるようにしたのである。彼らは「測地線」を定義して、単に平らな面だけではなく、あらゆる表面における二点間の最短経路としたのである。

このことすべてが重力とどういう関係にあるのか？　つながりは光であることが判明している。光の特徴的な性質は、つねに二点間の最短経路をとることだ。たとえば、あなたの読んでいるこれらの文字からあなたの目へと最短経路をとるのである。

加速している真っ暗闇の宇宙船に乗っている記憶喪失の宇宙飛行士について、もう一度考えよう。金槌と羽根の実験に飽きたので、彼はレーザーを見つけると、それを船室の左側の壁の棚の上、約一・五メートルの高さに置いた。それから、歩いて船室の右側の壁に行き、また一・五メートルの高さにマーカーペンで赤線を引いた。最後に、宇宙飛行士はレーザーのスイッチを入れて、その光線が船室を水平に横切って壁に印をつけるようにする。それは右側の壁のどこに当たるのか？

当然のことだが、宇宙飛行士は光線を水平に発射するので、正確に壁の赤線に命中するだろう。そうだろうか？　答はノーだ！

光が飛行中の船室を横切るあいだに、宇宙船の床は、ロケットのエンジンによってたえず押しあげられている。その結果、床は光線を迎えるように、着実に上向きに動いている。光が右側の壁にどんどん近づくにつれて、床は光にどんどん近づく。あるいは、宇宙飛行士の視点から言えば、光はどんどん床に近づく。明らかに、光線が右側の壁に当たるとき、それは赤線の下に当たる。宇宙飛行士は光線が船室を横切るあいだに、着実に下向きに曲がるのを見る。

ここで思い出してほしいのだが、光はつねに二点間の最短経路をとる。最短経路は平面の場合は直線であるが、湾曲したものの場合には、最短経路は曲線である。光線が宇宙船の船室を横切って湾曲した軌跡に従う事実をどう理解したらいいのか？　それにはただひとつの解釈しかありえない。つまり、船室内の空間は、ある意味では曲がっている！

現在では、これは加速している宇宙船が引き起こした幻想にすぎないと論じることも可能である。しかし、決定的なのは、宇宙飛行士は自分が加速している宇宙船に乗船していることを知る方法がないことだ。彼は単に地球上の自分の部屋にいて、重力を経験していると考えることも可能である。加速度と重力は識別不能なのだ。これが等価原理である。レーザー光線による実験が実際に証明しているのは——そしてこれが等価原理の莫大な威力を示している——光

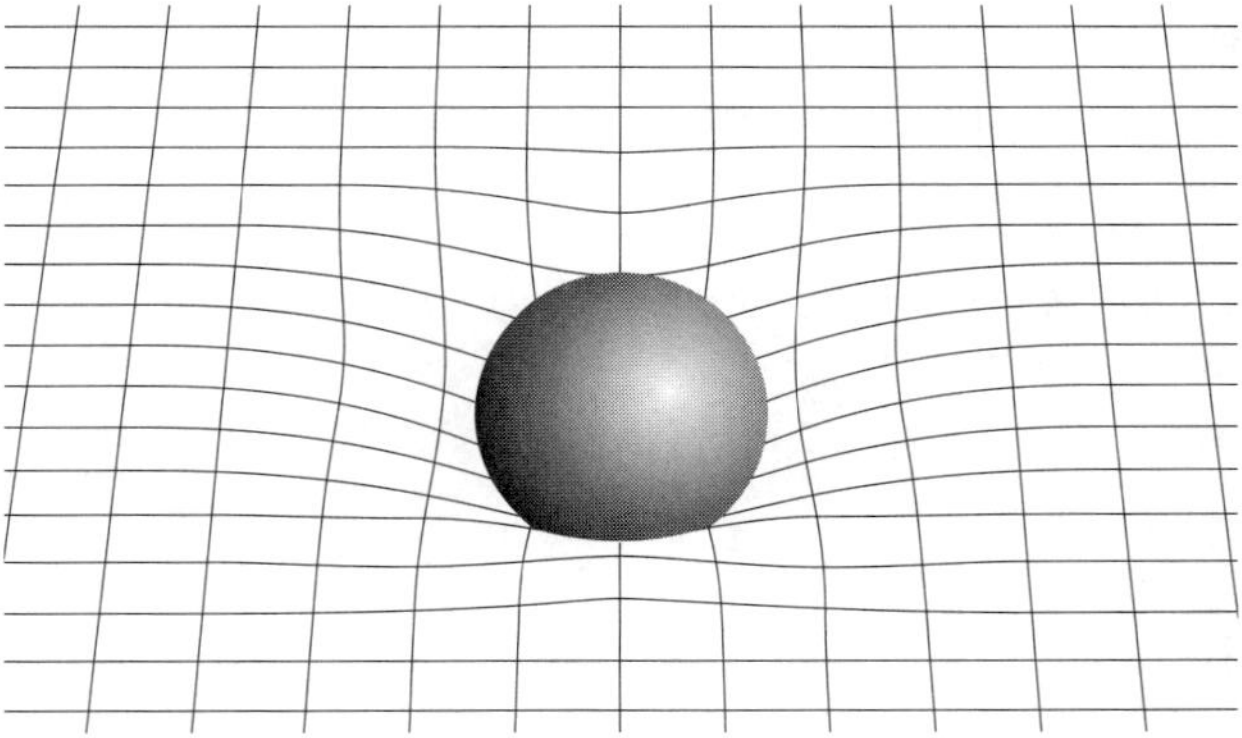

重力によって湾曲した空間

は重力が存在しているときには湾曲した軌跡に従うということである。あるいは、別の言いかたをすれば、重力は光の経路を曲げるのだ。

重力が光を曲げるのは、重力が存在するところでは空間はともかく湾曲しているためである。事実、これは重力について判明していることのすべてである――湾曲した空間なのだ。

「湾曲した空間」とは、正確には何を意味するのか？　地球の表面のような湾曲した表面を視覚化するのはやさしい。しかし、それは二つの方向、あるいは「次元」――北‐南と東‐西――の場合だけである。空間はそれよりももう少しだけ複雑である。三つの空間次元――北‐南、東‐西、上‐下――に加えて、ひとつの時間次元――過去‐未来――がある。しかし、アインシュタインが示したように、空間と時間はじつは同じものの側面にすぎないので、四つの「時空」次元があると考えるほうがより正確である。

私たちは三次元の物体の世界で暮らしているので、四次元の時空を視覚化することはできない。このことが意味するのは、湾曲した、あるいは歪んだ四次元の時空を視覚化するのは二重に不可能であるということだ。では、重力とは何か。それは四次元の時空が歪んだものである。

幸いなことに、これが意味することについて、いくつかのアイデアを得ることができる。ぴんと張られたトランポリンという二次元の表面上で全生涯をおくるアリの種《しゅ》について考えてみよう。このアリには表面上で起きていることしか目に入らず、トランポリンの上と下の空間——三次元空間——がいったい何であるかについては考えたことすらない。さて、あなたか私——三次元から来た悪戯《いたずら》好きな人たち——がトランポリンの上に砲弾を置くと仮定する。アリは砲弾の近くを散歩するとき、自分の進む経路が砲弾に向かって奇妙に曲がっていることを発見する。まったく理に適《かな》ったことだが、アリは砲弾が自分たちに引き寄せる力を及ぼすという表現で、自分たちの運動を説明した。ことによると、アリはその力を「重力」と呼ぶことさえしたかもしれない。

しかし、三次元の神のように優越した立場から見れば、アリが間違っているのは明らかである。アリを砲弾に引き寄せている力などない。その代わり、砲弾はトランポリンに谷のような窪地《くぼち》を作っている。そして、これこそがアリの経路が砲弾に向かって曲がっていく理由である。

アインシュタインの天才は、私たちがトランポリン上のアリに驚くほど似た立場にいることを理解したことだった。空間を通るとき、地球の経路は太陽に向かってたえず曲げられる。そのために、惑星は円に近い軌道をたどるまでになる。まさしく筋が通っているが、私たちは太陽が地球に引力——重力——を及ぼすという表現でこの運動を説明する。しかしながら、私たちは間違っている。もし四次元の神のような立場から物事を見ることができれば——三次元から物事を見ることがアリには不可能であるように、これは私たちには不可能なことだが——私たちは、そのような力は存在しないことがわかるだろう。その代わり、太陽はその周辺に谷のような窪地を四次元時空で作っており、地球が太陽の周りを円に近い経路を描く理由は、それが歪んだ空間を通過するさいに可能な最短経路だからである。

そこには重力はない。地球は単に時空を通過するもっとも直線的な線に従っているだけである。太陽の近くの時空が歪んでいる理由は、その線がたまたま円に近い軌道であるためである。物理学者レイモンド・チャオとアキレス・スペリオトポーロスによれば「一般相対性理論では『重力』は存在しない。通常、粒子に加わる重力に結びつけられているものは、どう見ても力ではない。つまり、粒子は単に湾曲した時空の『もっともまっすぐな』経路に沿って運動しているにすぎない」。

時空を通過して「もっともまっすぐな」経路に沿って運動している物体は、自由落下しているのだ。そして、自由落下しているから、重力を経験しない。地球は太陽の周りで自由落下している。その結果、私たちは地球上で太陽の重力を感じない。国際宇宙ステーションに滞在する宇宙飛行士は、地球の周りで自由落下している。その結果、彼らは地球の重力を感じない。[*3]

重力が生じるのは、物体が自然な運動に従うことを妨げられたときだけである。私たちの自然な運動は、地球の中心に向かう自由落下である。しかし、地面が私たちを妨げるので、私たちはその力を身体に感じ、それを重力として解釈する。ちょうど遠心力はカーブを曲がろうとしている車が直線の自然運動に従うことを妨げられるときに私たちが感じるもので、重力は測地線に沿った自然な運動を環境が妨げるときに私たちが感じるものである。

おそらく、重い物体を単純に重力の引力という普遍的な力の影響によって動くものと考えるよりも、むしろ歪んだ時空を通過してみずからの慣性によって動くものと考えるほうが、不必要に複雑にしているように見えるだろう。しかし、二つのとらえかたは等価ではない。アインシュタインのほうが優れている。まず手始めに、歪んでいるものは単なる空間ではなく、特殊相対論の時空である。したがって、このとらえかたは、光の速さをひとつの定数として保つために必要な空間と時間の特別な相互作用を自動的に組み入れる。またアインシュタインのとらえかたは新しいことも予測している。

トランポリンの上にいるアリについて考えよう。砲弾のような重い質量でただ窪みをつける以外にも、トランポリンの材料を使ってできることがもっとある。たとえば、ある端を上下に揺らすこともできる。それによって池の表面に起こるさざ波のように、トランポリンを横切って外向きに広がるように、織物にさざ波を引き起こすことができる。同じようなやりかたで、宇宙空間にあるブラックホールのような大きな質量の振動は、時空の「織物」にさざ波を発生させることができる。このような「重力波」はまだ直接検出されていないが、その存在をアインシュタイン理論は独自に予測している。

波が時空を伝わって広がる事実は、空間がニュートンによって想像されていたような、なにもない、受動的な媒体ではないことを示唆している。そうではなく、それは実在の性質をそなえた能動的な媒体である。物質はニュートンが想像したように、なにもない空間を超えて、他の物質を単に引き寄せるだけではない。物質は時空を歪ませ、そしてこの歪んだ時空は、今度は他の物質に影響を与える。ジョン・ホイーラーは次のように述べている。「質量は時空にどう歪むべきかを教え、歪んだ時空は質量にどう動くかを告げる」

別の砲弾によってトランポリンに引き起こされた歪みが、トランポリンの隅々まで達するのに時間を要するように、重い物体によって引き起こされた時空の歪みは、別の質量に伝播するのに時間がかかる。このために、重力――歪んだ時空――は光の速さによって設定された宇宙の速さの限界と完全に一致し、遅れて作用する。

時空が空気あるいは水のような実在の媒体としてある性質をもっていることは、惑星や星のような巨大な物体に対しても意味をもっている。それらが軸の周りで回転するとき、実際に時空をそれらの周りに引きずりこむ。NASAは「重力探査衛星B」と呼ばれる地球周回軌道をとる宇宙実験で、「座標引きずりこみ《フレーム・ドラッギング》」という名の効果を測定中である。座標引きずりこみは地球の場合には小さいが、めまぐるしく回転しているブラックホールの場合には圧倒的なものになる。このような物体は回転している時空の大竜巻の目に鎮座している。ブラックホールに落ち込んだものはだれでも竜巻とともにぐるぐると回転するだろうし、宇宙にあるどんな力もそれを拒むことはできない。

一般相対性理論の方法

重力に関するアインシュタインの新しい見解は、いまや明らかである。質量――たとえば、太陽のような星――はその周りの時空を歪ませる。その他の質量――たとえば、地球のような惑星――は歪んだ時空を通過して自分自身の慣性で自由に飛ぶ。それらがたどる経路は湾曲している。なぜなら、それは歪んだ空間におけるありうべき最短経路だからだ。さあ、お待ちかねのものだ。これが「一般相対性理論」である。

しかし、悪魔は細部にやどる。惑星のような重い物体が歪んだ空間でどう動くかを私たちは知っている。それはありうべき最短経路をたどる。しかし、どれほどの厳密さで太陽のような質量がその周りの時空を歪ませるのか？　それを発見し、その詳細で電話帳ほどの分厚い教科書を満たすのに、アインシュタインは一〇年以上かかった。だが、一般相対性理論へのアインシュタインの出発点は理解するのに難しくない。それは等価原理以外のなにものでもない。

もう一度、真っ暗闇の宇宙船のなかの金槌と羽根を思い出そう。宇宙飛行士にはその二つが重力で床に落ちるように見えた。しかし、宇宙船の外部から観察している人には、金槌と羽根が空中に浮かんでいて、船室の床がそれらを迎えるために加速しながら上に向かってくるのは明らかだった。それらにはまったく重さがなかった。

この観測はとても重要である。重力で自由に落下している物体は、重力を感じない。あなたがエレベーターのなかにいて、だれかがケーブルを切るとする。落ちるあいだ、あなたには重さがない。つまり、重力を感じないのだ。

「大発見は、ある日突然やってきた」とアインシュタインは一九〇七年に書いた。「私はベルンの特許局で椅子にすわっていた。突然、考えが閃いた。もしある男が自由に落下すると、その男は自分の体重を感じない。私は面食らった。この簡単な思考実験は、私に深い印象を留めた。これが私を重力の理論に導いたのだ」

自由に落下する物体は重力を感じないというのはどういう意味だろうか？　もし重力——あ

るいは加速度、なぜならば両者は同じだからだ――を経験しないのなら、そのふるまいはアインシュタインの特殊相対性理論によって完全に記述される。ここにはアインシュタインが探し求めていた特殊相対性理論と重力理論のあいだの決定的な接点――非常に重要な橋――がある。

自由に落下する物体がその重さを感じず、したがって特殊相対論によって説明される観測は、重力を経験している物体にまで特殊相対論を広げて適用する方法を不完全ながらも示している。地球に立っていて、両足で大地を踏みしめ、見るからに重力の圧迫を体験している友人を考えよう。あなたはどのような観点からでも友人を観察することができる――近くの木に逆さ吊りにされながらでも、あるいは通過する飛行機からでもよい。しかし、ひとつの観点が大きな決定的事実をもたらす。もし自由落下している観点から事物を想像するなら、あなたは無重力だろうし、加速度に縛られないだろう。あなたは加速度を感じないのだから、友人を説明するのに特殊相対性理論を用いることが正当化されるのだ。

しかし、特殊相対論はおたがいに一定の速さで動いている人々に世界はどう見えるかについての理論であり、友人はあなたに対して上向きに加速している。それは真実である。しかし、もしあなたが大量の骨の折れる計算をいとわなければ、あなたは一定の速さで一秒間、それからほんの少し大きな速さで次の一秒間……というように、移動している友人を想像することができる。これは完全ではないが、速さの一連のめまぐるしい増加として友人の加速度を概算することができる。それぞれの速さについて、あなたは単に特殊相対論を用いるだけで、友人の空間と時間に何が起こっているかを表すことができる。

特殊相対論によれば、時間は動いている観測者には遅くなる。したがって、友人はあなたに対して動いているので、友人にとって時間は遅くなることになる。だが、待ってくれ。友人があなたに対して動いているのは、彼または彼女が重力を経験しているからである。このことから重力は時間を遅くするにちがいないことが導かれる！　これはあまり驚くことではない。結局、重力が単なる時空の歪みであるとすれば、私たちが重力を経験している場合には、私たちの空間と時間もあるやりかたで歪んでいるにちがいないと推論できるからである。

地球の表面に立っている友人について考えることによって導かれる別のことは、もし重力がより強ければ――もっと重い星の上に立っていたならば――あなたに対する彼または彼女の自由落下の速さはずっと大きかっただろうということだ。特殊相対論によれば、だれかが速く動けば動くほど、彼らの時間はさらに遅くなる。その結果、だれかがより強い重力を経験すればするほど、彼らの時間はさらに遅くなる。これが意味するのは、もしあなたがビルの一階で働いているならば、最上階で働いているあなたの同僚よりも年をとるのが遅いということである。なぜか？　その理由は、地球のより近くにいるので、あなたはもっと強い引力を経験する。そして、時間はより強い重力のもとでは遅くなるからである。

しかし、地球の重力は非常に弱い。なんといっても、あなたは腕を前に伸ばしたままでいることができるし、全地球の重力でさえ腕を下ろさせることはできない。地球の重力が弱いため、世界一高いビルでさえ、一階と最上階のあいだにおける時間の流れの速さの差は、ほとんど測定不能である。摩天楼で働く双子の姉妹が大きく異なる速さで年をとるという冒頭の光景は、したがって誇張である。にもかかわらず、宇宙にははるかに強い重力が存在する場所がある。

ひとつの場所は「白色矮星」の表面であり、そこでの重力は太陽に比べてさえずっと強い。アインシュタインの重力理論は、これらの星では、時間は私たちよりもわずかに遅く経過すると予測している。このような予測を実験するのは不可能であるように思われるかもしれない。しかし、自然はたいへん好都合なことに、白色矮星の表面上に「時計」を用意している。この時計は、実際には原子である。

原子は光を放出する。光は、実際には水面の波のように上下に振動する波であり、ナトリウムや水素のような特定の成分を含んだ元素は、毎秒特定の数の振動をおこないながら、成分独自の光を放出する。これらの振動は時計がカチカチいう音と考えることができる（実際、秒は特定の型の原子によって放出される光の振動数によって定義されている）。

この原子の性質が時間に及ぼす重力の効果を理解するのにどんな役に立つのか？　まず、私たちは望遠鏡を用いて、白色矮星上の原子から出た光をとらえることができる。それから、白色矮星の水素から出た光の毎秒の振動数を、地球上の水素の毎秒の振動数と比べる。すると白色矮星からの光の毎秒の振動数の方が少ないことに気がつく。光はもっとのろまだ。時間はもっと遅く流れる！[*4] 私たちはアインシュタインの一般相対性理論を直接確認しているのだ。

そのうえ、白色矮星よりもさらに強い重力をもつ「中性子星」と呼ばれる星がある。強い重力の結果として、中性子星の表面では、時間が進むのは地球よりも一倍半遅い。

一般相対性理論から導かれる結果

時間の伸張はアインシュタインの一般相対性理論の新奇な予測のひとつにすぎない。もうひとつは、すでに言及したが、重力波の存在である。天文学者が対《つい》になった星々を観測しているために、これらの存在は知られている。そこには少なくとも二つのうちのひとつには中性子星が含まれ、たがいに向かって螺旋を描きながらエネルギーを失っている。この謎めいたエネルギーの損失は、それが重力波によって運び去られていると考えることによってのみ、説明することができるのだ。

現在では、重力波を直接検出する競争が進行している。重力波が通過するとき、重力波は空間を交互に引き伸ばしたり、縮めたりする。したがって、それを検出するために考案された実験では、全長数キロメートルにも達する巨大な「物差し」が用いられる。この物差しは光でできているが、その仕掛けは簡単だ――重力波がさざ波を立てて通り過ぎていくとき、物差しの長さに起こる変化を検出するのである。

もうひとつ、これまで言及しないまま通り過ぎてきたアインシュタイン理論の予測は、重力による光の湾曲である。この湾曲の理由は、もちろん、光が四次元時空の歪んだ領域を通り抜けなければならないからである。ニュートンの重力の法則はこのような効果は予測していないが、ニュートンの重力の法則にあらゆる形のエネルギー――光を含める――が有効質量をもつという特殊相対論の考えかたを組みあわせると予測できるのだ。太陽のような重い物体の側を光が通過するとき、光は重力に引っ張られるのを感じ、進路がわずかに曲がるのである。

もちろん、特殊相対論はニュートンの重力法則とは両立しないので、この光の湾曲に関する予測は懐疑的な態度で受けとめられた。事実、正式な一般相対性理論では、光の経路は二倍も曲がるだろうと予測している。

この二という特別な倍数は、等価原理についての微妙なことに関心を集めさせた。宇宙飛行士が宇宙船を横切るように水平にレーザーを発射し、光線が下向きに曲がっていることに気づいた実験を思い出そう。地球上の部屋のなかでは重力を経験していないことを知る方法がなかったので、重力が光の経路を曲げていると推論することも可能だった。さて、ここには小さな嘘がある。お気づきのように、宇宙飛行士は自分がロケットのなかにいるのか、地球上にいるのかを見分けることは可能であるのは明らかだ。

加速しているロケットのなかでは、宇宙飛行士の両足を床に留めている力は、彼を垂直に下向きに引っぱる――船室で立っているどの場所でも。しかし、地球の表面では、あなたがどこに立っていようとも、重力はつねに事物を地球の中心に向かって引っぱる。その結果、重力はイギリスではある方向に引っ張り、ニュージーランドではその反対の方向に引っ張る――イギリス人にとってニュージーランド人は逆さまであり、その逆も成り立つ。さて、重力が引っぱる方向は、ある部屋のある側からもうひとつの側に移ってもほとんど変わらない。にもかかわらず、きわめて高精度な測定装置を使えば、われらが宇宙飛行士はつねに変化を検出し、彼が宇宙に向かって加速しているロケットのなかにいるのか、それとも地球上にいるのかを見分けることはできるだろう。

たしかに、これは等価原理を無効にし、一般相対性理論の体系全体をぐらつかせかねない。あなたはそう考えるかもしれない。しかし、重力の理論を構築するためには、等価原理を小さな空間に当てはめるだけで充分であり、極端に小さな、限定された空間ではけっして重力の方向の変化は検出できない。

このことはニュートン理論の二倍の光の歪曲を予測しているアインシュタインの理論とどんな関係があるのか？　さて、レーザー光線が地球上の部屋を横切るとき、私たちはそれが下向きに曲がるだろうことを確認し、そして、この量はほぼニュートン理論の重力が予測した通りであることが判明した。今度は、部屋が自由落下し——たとえば、飛行機から落とされる——宇宙飛行士が同じ実験をおこなうと仮定しよう。覚えているだろうが、自由落下しているあいだは重力はない。だから、光線は部屋を水平に横切って通るはずであり、少しも湾曲しない。しかし、部屋のあらゆる部分が完全に自由落下の状態におかれることはない。地球の重力が部屋のある隅からひとつの方向にはたらき、他の隅からは別の方向にはたらくので、重力は部屋が空中を落下するあいだに完全に打ち消されはしない。このために、宇宙飛行士が実際に見るものは、地球上の部屋とおおよそ同じ量だけ、光線が下向きに湾曲することである。二つの効果を足しあわせると、ニュートンの重力理論に特殊相対論を加えたものによって、予測された光の湾曲は二倍になる。

そこで、もし遠方の星の光が地球へ来る途中で太陽の近くを通過すれば、その軌跡はニュートンが予測したものよりも約二倍鋭く曲げられるはずである。このような効果は、ある星の位置が他の星々に対してわずかに位置を変えさせる原因になるだろう。陽光のまぶしさのせいで目で見ることはできないが、皆既日食で月が輝く太陽の表面を遮るあいだは観測可能なのである。このような日食が一九一九年五月二九日に起きる予定だったので、イギリスの天文学者アーサー・エディントンはアフリカ西岸沖にあるプリンシペ島へそれを見に出かけていった。彼の写真は、星の光がたしかに一般相対性理論によって予測されたのとまったく同じ分量だけ、それることを確認した。

エディントンの観測は「ニュートンの誤りを証明した男」としてアインシュタインの名声を高めた。しかし、一般相対性理論の予測の成功は、これで終わりではなかった。ニュートンは、惑星の太陽の周りの軌道は円ではなく楕円——少しつぶれた円——を描くことを理論的に示した。そしてこれをいわゆる逆二乗法則に従って重力の強さが減るという事実の直接の結果として証明した。言い換えると、あなたが太陽から二倍遠ざかれば重力は四倍弱くなり、三倍遠ざかれば九倍弱くなる、等々となる。

相対性はすべてを変える。はじめに、すべての形態のエネルギーは単に質量‐エネルギーであるだけではなく、重力を生みだす。さて、重力はそれ自体がエネルギーの一形態である。歪んだトランポリンとそれがどれだけの弾性エネルギーを含んでいるかを考えよう。重力はエネルギーの一形態であるから、太陽自体の重力は重力を創造する！　それはちっぽけな効果であり、太陽の重力の大部分は、その質量から作られる。にもかかわらず、太陽に近いところでは、重力が強いため、重力自体から作られる小さな余分の付け足しがある。その結果、その軌道をまわっている物体はいずれも、逆二乗法則から予測されるよりも大きな重力の引っぱりを感じる。

さて——ここが重要なのだが——惑星が力の逆二乗法則に従っている力によって引っぱられ

ている場合にのみ、楕円軌道に沿って動く。これはニュートンの発見であった。相対論は力が逆二乗法則に従わない場合も予測する。実際、他にも効果があって、それもまたニュートンの重力理論から決別する原因にもなる。たとえば、重力は空間を伝わるのに時間がかかるという事実のように。運動している惑星がいついかなるときも感じる重力は、それゆえにそれより前の時刻にいた位置によって決まるので、このために太陽のどまんなかには直接向かわない。結論としては、惑星はくり返し楕円軌道をたどるのではなく、軌道模様をなぞりながら徐々に空間的位置を変える楕円経路をたどる。これは太陽から遠く離れたところでは気づかれない。最大の効果は至近距離で起こる。そこは重力がもっとも強いところだ。

　たしかに、もっとも内側の惑星である水星の軌道に関しては、おかしなところがある。一九一五年にアインシュタインが重力理論を発表する少し前に、天文学者は水星の軌道が徐々に軌道模様をなぞるという事実に頭を悩ましていた。この効果のほとんどは、金星と木星の重力によるものである。しかしながら、おかしなことに、金星と木星はそこには存在しないのに、水星の軌道は依然として軌道模様をなぞりつづけるだろう。効果は微小なものであった。水星は八八日ごとに太陽をめぐるが、惑星はたった一度だけ軌道模様を完全になぞるには三〇〇万年かかる。まさしくこれこそがアインシュタイン理論が予測したことである。一般相対論を用いて、彼は水星の軌道を隅々まで説明することができた。さらに軌道の湾曲についてはもうひとつの予言が的中し、アインシュタインが正しい重力理論を発見したことには疑いがなかった。[*5]

一般相対論の特性

一般相対論は途方もなくエレガントな理論である。にもかかわらず、現実の状況に応用する——たとえば、与えられた質量の分布によって引き起こされる時空の歪みを見出す——のは、おそろしく困難である。その理由は、理論がかなり循環的であるからだ。物質は時空にどのように歪むかを告げる。次に、歪められた時空は、物質にどのように動くかを告げる。いま動いたばかりの物質は、時空にどのように歪みを変更するかを告げる。等々が永久に続く。理論の核心には一種の鶏と卵のパラドックスがある。物理学者はそれを「非線型性」と呼び、非線型性は理論家が腕を試すにはもってこいの頑強な代物だ。

非線型性のひとつの表れは、すでに言及した、重力は重力の源であるという事実である。さて、もし重力がさらに重力を作ることができるなら、余分な重力は少しだけ重力を作ることができる、等々となる。幸いなことに重力はたいへん弱いので、これは通常、暴走する手続きではなく、重い物体から生みだされた重力は、たいてい申し分なくふるまう——たいていであって、つねにではない。

一部の非常に重い星々のあるものは、華々しいやりかたで生涯を終える。星はたいてい、外向きに押している内部の熱い気体の圧力のおかげで、自分自身の重力によって潰されるのを防いでいる。しかし、この外向きの圧力は、星が熱を生みだしているあいだだけ存在する。利用できる燃料がすべて尽きると、星は縮む。ふつうは圧力の他の形をとったものが仲介をして、白色矮星や中性子星の超高密度の燃えさしを作る。しかし、もし星が非常に重く、その重力が非常に強ければ、星が縮んでいき一点になるのを何も止めることはできない。物理学者の知るかぎりでは、このような星々は文字通り存在が見えなくなる。しかし、星々は後に何かを残す。それらの重力である。

私たちがここで話題にしているのはブラックホールについてである。おそらく、それは一般相対論のあらゆる予測のなかでもっとも奇怪なものであろう。ブラックホールはある時空の領域で、そこでは重力があまりにも強いために光さえも脱出できない――それゆえブラックなのである。「時空の領域」は効果をもたらす言葉だが、星の質量は消えてしまっているのだ。

どうしたら質量なしで重力をもっていられるのか？　重力は質量からだけではなく、あらゆる形態のエネルギーから発生する。ブラックホールの場合、自分自体の重力はさらに重力を創造し、余分な重力もさらに重力を創造する……だから、ブーツのつまみ革を引っぱって自分自身を中空に支えている男のように、ホールは再生産する。時空の観点からは、ブラックホールは文字通り穴《ホール》である。太陽のような星は、時空の周囲に単なる窪みを作りだすのに対して、ブラックホールは物質が落ちたらけっして再び脱出できない底なしの井戸を作りあげる。

ノーベル賞受賞者、物理学者のスブラマニヤン・チャンドラセカールはこう述べている。「自然のブラックホールは、宇宙にあるもっとも完全な包括的な物体である。つまり、それらを構成している唯一の要素は、私たちの空間と時間の概念なのだ」[*6]

このうえなく強力な重力のために、ブラックホールは一般相対論のもっとも劇的な効果をあらわにする。それらを取り囲んでいるのは「事象の地平線」として知られている境界である。これは物体がブラックホールに近づきすぎて留まっていられなくなる帰還不能地点を表す。もし事象の地平線に近づけば、あなたは自分の頭の後ろが見られるようになるだろう。なぜなら、あなたの後ろから来る光は、あなたの目に届く前に穴《ホール》をわざわざぐるりと曲げられるだろうから。もしあなたがちょうど事象の地平線の外側で空中停止することができるなら、あなたにとって時間はとてもゆっくりと流れるので、理論上、あなたは早送りの映画のように、宇宙の全未来が一瞬で通りすぎるのを見ることができるだろう！

ブラックホールの強い重力のなかでは宇宙の他のどの場所よりも、はるかにゆっくりと時間が流れるという事実は、興味深い結果を生みだす。あなたはブラックホールから遠く離れていて、あなたの友達はその近くに居残っていると仮定しよう。二人にとっては時間の流れがあまりにも違うので、あなたが月曜日から金曜日まで出かけているあいだ、あなたの友人は月曜日

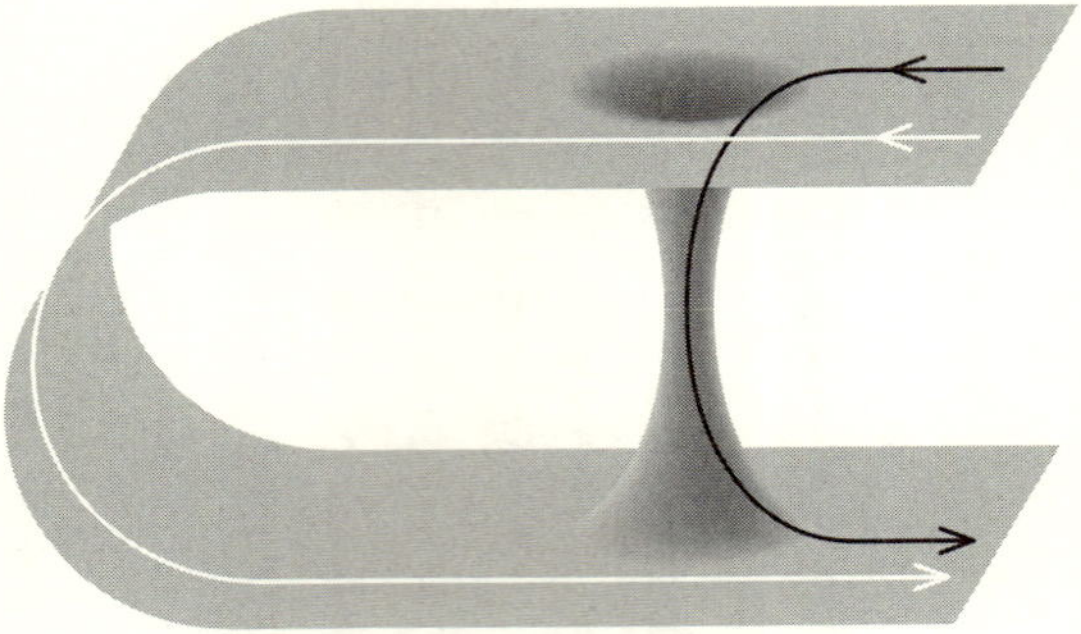
ある場所から別の場所へのトンネルに似た近道がワームホール

から火曜日まで経過するだけだ。これが意味するのは、もしあなたが自分をあなたの友人のいる場所まで瞬間移動する方法を見つけることができれば、あなたは金曜日から出かけて、火曜日に帰ることができる。時間をさかのぼることができるのだ！

事実、あなた自身をある場所から別の場所に連れ去る方法があることが判明する。アインシュタインの相対性理論は、時空を通るトンネルに似た近道、「ワームホール」の存在を認めている。このようなワームホールのある口から入り、あなたの友人の近くの口から出ることによって、実際に金曜日から火曜日へと時間を逆戻りすることも可能であろう。

ワームホールの難点は、反発する重力をもつ物質によって開かれていないかぎり、瞬時にしてパタンと閉まることである。宇宙にはこのような「きわめて不安定でとらえがたい物質」が存在するかどうかは、だれも知らない。にもかかわらず、アインシュタインの重力理論がいまでも通用するという意外な事実は、タイムトラベルの可能性を排除するものではない。

一般相対論によって認められた「タイムマシン」とH・G・ウエルズのようなSF作家が創作したものとのあいだには、二、三の相違点がある。第一に、時間を通ってある距離を旅するには、空間を通ってある距離を旅しなければならない。ただタイムマシンにじっとすわってレバーを引き、それで一〇六六年に行けるわけではない。二番目の重要な違いは、あなたのタイムマシンが建造されたときよりも前の時代には戻れないことである。だから、もし恐竜の時代へ冒険に行きたければ、今日タイムマシンを建造するのでは役に立たない。それには宇宙人（あるいはとても賢い恐竜）が六五〇〇万年前に建造して、その後、放棄したものを探さなくてはならないだろう！

理論家にとっては、タイムマシンの可能性ははなはだ心を不安にするものだ。もしタイムトラベルが可能ならば、あらゆる種類の不可能な状況、あるいは「パラドックス」が醜い頭をもたげる。もっとも有名なのは「お祖父さんのパラドックス」で、ある男が時間をさかのぼり、男の母親をもうける前に自分の祖父を射殺するというものだ。問題は、もし彼が祖父を撃ったのなら、どうやって彼は生まれ、時間をさかのぼって、卑劣な行為ができるのだろうか?!

これに似た質問に当惑させられたことがきっかけで、イギリスの物理学者スティーヴン・ホーキングは「時間順序保護仮説」を提唱した。基本的には、それはタイムトラベルに関する無条件の禁止につけた空想に基づく名前にすぎない。ホーキングによれば、まだ未知の物理法則によってタイムトラベルができないようにするために介入しなければならない。彼はこのような法則に対し断固たる証拠をもっていないが、単にこう訊ねている。「どこに未来からの旅行者がいるのかね？」

アインシュタインは重力の理論がタイムトラベルを予測しているという事実にもかかわらず、自分自身はタイムトラベルが可能であるとは信じていなかった。しかし、彼は自らの理論に基づくその他二つの予測では間違っていた。彼はブラックホールが可能であるとは信じなかったが、今日では有無を言わせぬ証拠がその存在を証言している。そしてまた、アインシュタインは彼の理論が宇宙の起源について語ろうとするところ——宇宙はビッグバンとともに始まったということ——を信じなかった。

＊1　これは地球上ではまったくわからない。そこでは摩擦力が作用して動いている物体を遅くするからだ。しかし、なにもない真空の空間では、はっきりとわかる。

＊2　指摘しておきたいのは、加速は単なるスピードの変化を意味するのではないということだ。そ

れは方向の変化もまた意味している。だから、車がカーブに沿って運動することは——たとえ速さが一定でも——加速しているのである。

＊3　宇宙飛行士が地球の軌道を描いてまわっているとき無重力なのは、空間に重力がないからだと大部分の人が決めてかかっている。しかし、国際宇宙ステーションが活動している五〇〇キロメートルかそこらの高さでは、重力は地球の表面の約一五パーセントしか弱くなっていない。宇宙飛行士が無重力である本当の理由は、ケーブルが切れたとき、エレベーターに乗っている人のように、彼らも彼らの宇宙船も自由落下しているからである。その違いは、彼らがけっして地面に激突しないことである。なぜだろうか？　それは地球が丸く、彼らが表面に向かって落ちるのと同じ速さで、表面は湾曲してそれらから逃げてしまうからである。したがって、彼らは円を描いて永久に落下するのだ。

＊4　専門的な理由により、この効果は重力による「赤方偏移」と呼ばれている。

＊5　あるいは少なくとも当分のあいだ、役立つ理論である。なぜなら、一般相対論でさえ重力に関する決定論とは考えられていないからである。

＊6　「ブラックホール」という用語を考案したのは、ジョン・ホイーラーで、一九六五年のことだった。一九六五年以前には、このような物体に関する科学論文はほとんどなかった。その後、この分野は爆発的に飛躍した。この用語は日常語に仲間入りするまでになる。人々は消滅しようとしている事柄について、官僚的なブラックホールだなどとよく話している。この用語は、科学現象を記述するのに正しい言葉を使うことがいかに重要であるかを示す好例である。もし人々が心のなかに生き生きとしたイメージを描くならば、研究者はこの主題に魅せられるだろう。

10　帽子から飛びだす究極のウサギ

白いウサギがシルクハットから引っぱりだされた。それはあまりにも大きなウサギなので、トリックには何十億年もかかった。

ヨースタイン・ゴルデル

それらはハイテクの眼鏡である。フレームについているつまみをくるくるとまわすだけで、ふつうは人間の目に見えない種類の光をすべて見ることができるように「調整」できる。眼鏡をかけ、星が瞬く寒い夜、野外に出て、つまみをくるくるとまわしはじめる。

空に最初に見えてくるのは紫外線、太陽よりもはるかに熱い星から放たれた光である。馴染みの星のなかには消滅したものもあれば、ぼんやりした星雲状の物質に包まれて新たに視野に浮かびあがるものもある。しかし、もっとも際立った天空の特徴は、裸眼で見たのと同じものだ。大部分が真っ暗なのである。

あなたはつまみをまわしつづける。

いま、あなたはX線、つまりブラックホールのような、きわめて不安定でとらえがたい物体が回転しながら落ちていくとき、何十万度に熱せられた気体が放出する高エネルギーの光を見ている。くり返しになるが、ここでももっとも際立った天空の特徴は、大部分が真っ暗なことである。

今度はつまみを反対方向にまわしてみると、紫外線と可視光線を飛び越えて、太陽よりずっと冷たい物体によって放たれる赤外線まで一足飛びだ。空はいまや星の燃えさしがちりばめられている――最近生まれた星々は、まだ微かに光る胎盤のような気体に包まれ、膨らみすぎた赤い巨星は臨終の苦しみのただなかだ。しかし、空は新しい星々の集団で照らされているにもかかわらず、もっとも際立った天空の特徴は同じものだ。大部分が真っ暗なのである。

あなたはつまみをまわしつづける。いま、あなたはマイクロ波を見ている――レーダー、携帯電話、電子レンジに用いられているのと同じ種類の光だ。ところが、なにかおかしなことが起きている。空が次第に明るくなっていく。部分的にではない――空全体だ!

眼鏡をはずして、目をこすり、かけ直す。しかし、なにも変わらない。いまでは空全体が地平線から地平線まで、一様に真珠のように光沢のある白さで光っている。あなたはさらにつまみをまわしつづけるが、空はただますます明るくなるだけである。空全体が輝いているように見える。まるで巨大な電球のなかにいるみたいだ。

眼鏡の調子が悪いのか？　いいえ、眼鏡はちゃんと作動している。あなたが見ているのは「宇宙背景放射」であり、宇宙が一三七億年前に誕生したときの火の玉の名残である。信じられないだろうが、それはいまなお空間のあらゆる小孔に入り込み、宇宙の膨張によってずっと冷却されているので、目に見える光としてではなく、低エネルギーのマイクロ波として現れるのである。信じようと信じまいと、宇宙背景放射は今日の宇宙における光の、驚くなかれ九九パーセントの原因である。それは宇宙が巨大な爆発——ビッグバン——から生まれた議論の余地のない証拠なのだ。

宇宙背景放射は一九六五年に発見された。しかし、そこにビッグバンがあったという認識は、実際にそれ以前からあった。事実、その第一歩を踏みだしたのは、アインシュタインであった。

究極の科学

アインシュタインの重力理論——一般相対性理論——は、いかにしてあらゆる物質のかたまりは他の物質のかたまりを引き寄せるかについて説明している。われわれが知っている物質の最大規模の集まりは宇宙である。あらゆる科学者がこの科学における大問題に取り組むなかで、アインシュタインは一九一六年に重力の理論をあらゆる創造に応用した。そうするなかで、彼は「宇宙論」を創造したのである。これこそ究極の科学であり、宇宙の起源、進化、究極の運命を研究対象にするのだ。

アインシュタインの重力理論の背後にある考えかたは見かけによらず単純だが、数学的な仕掛けはそうではない。物質の特定の分布がどのように時空を湾曲させるかを正確に計算するのはたいへん難しい。たとえば、それは一九六二年——アインシュタインが一般相対性理論を発表してからほとんど半世紀後——になって初めて、ニュージーランドの物理学者ロイ・カーが本物らしく回転しているブラックホールによって引き起こされた時空の歪みを計算したのである。

宇宙の全体がどのように時空を湾曲しているかを理解するには、物質が空間全体にどう広がっているかについての簡略化した仮説がなくては不可能である。アインシュタインは、観測者がたまたま宇宙のどこにいても変わりはないと仮定した。言い換えると、あなたがどこにいようとも宇宙はだいたい同じ性質であり、どこから眺めようともあらゆる方向であらまし同じである、と仮定したのである。

一九一六年以来、天文観測は、実際にこれらの仮説に充分根拠があることを示した。宇宙を作っているブロックは——これについては当時、アインシュタインも他のだれも気づかなかったが——「銀河」であり、私たちの天の川のような星々の巨大な島々である。そして現代の望遠鏡は、銀河が宇宙のいたるところにかなり均等に散らばっているので、どの銀河からの眺めも他の銀河からの眺めとほとんど同じであることを示している。

アインシュタインの結論は、彼の理論を全体としての宇宙に適用した後、総体としての時空は湾曲しているにちがいないというものだ。しかし、湾曲した時空は物質の運動を引き起こす。これが一般相対論の中心的な真言《マントラ》である。その結果、宇宙は静止していることがありえなくなる。このことはアインシュタインを動揺させた。彼以前のニュートンと同じように、宇宙は「静的」であり、それを構成している天体——今日では銀河として知られている——は、真空中に本質的には動かないまま宙に浮いている、とアインシュタインは熱心に信じた。

静的な宇宙はいつでも同じ状態に留まっているので、興味をそそる。宇宙はどこから来たのか、あるいは宇宙はどこへ行こうとしているのか、といった厄介な問題に取り組むことも必要ない。始まりはなかった。終わりもなかった。宇宙がそうであった理由は、それがつねにそうありつづけたからであった。

ニュートンによれば、宇宙が静的であるためには、ひとつの条件を満たさなければならない。それは物質がすべての方向へ無限に広がっていることである。このような果てしない宇宙では、個々の物体は、一方の側にあって重力である方向に引っ張っている物体と、その反対側にあって重力で反対方向に引っ張っている物体とを、ちょうど同じだけもっている。一本のロープが二組の綱引きチームから同じ強さで引っぱられていると、いつまでも動かないのと同じだ。

しかし、アインシュタインの重力理論によれば、宇宙は有限であって無限ではない。時空は曲がってそれ自身の上に重なる――二次元のバスケットボールの表面を四次元に対応させたものだ。このような宇宙では、重力による綱引きはどこにも完璧に釣りあいがとれるところはない。なぜなら、すべての物体はそこへ向かってあらゆる他の物体を引き寄せようとするので、宇宙は制御できなくなるほど収縮する。

静的な宇宙という考えかたに助けをさしのべるために、アインシュタインは彼のエレガントな理論を骨抜きにせざるをえなかった。「宇宙斥力《せきりょく》」という摩訶《まか》不思議な力を付け加えて、宇宙の物体を無理矢理引き離した。宇宙斥力はなぜ地球の近くでは気づかれなかったのかを説明するために、途方もなく離れている物体にだけかなり大きな効果を及ぼすとアインシュタインは仮定した。永久に物体が集まるように引っぱろうとする重力を正確に打ち消す力によって、宇宙斥力は宇宙を永久に静的に保つのである。

膨張する宇宙

アインシュタインの直観は誤りであることがわかった。一九二九年、エドウィン・ハッブル

――アメリカの天文学者で宇宙を作っているブロックが銀河であることを発見した――は、劇的な新発見を公表した。銀河は宇宙の榴散弾《りゅうさんだん》の破片のように、おたがいから飛ぶように離れつつあった。静的どころではなく、宇宙は大きさを増しつつあった。膨張する宇宙をハッブルが発見したことを知るとすぐに、アインシュタインは宇宙斥力を断念し、それを「わが生涯の最大の過ち」と呼んだのだった。[*1] アインシュタインの摩訶不思議な斥力でも、銀河を宇宙空間に動かないまま浮かせておくことはできなかった。アーサー・エディントンが一九三〇年に指摘したように、静的な宇宙は尖《とが》った先端で均衡を保っているナイフのように、元々不安定である。ほんの少し押すだけで、膨張あるいは収縮を引き起こすことを促すには充分だろう。

他の人たちはアインシュタインと同じ過ちを冒さなかった。一九二二年、ソ連の物理学者アレクサンドル・フリードマンは宇宙にアインシュタインの重力理論を適用したうえで、宇宙は収縮するか膨張するかのどちらかだという結論を正確に導いた。その五年後には、ベルギーのカトリック司祭であるジョルジュ＝アンリ・ルメートルも独自に同じ結論に到達した。

ジョン・ホイーラーはこう語ったことがある。「アインシュタインの重力は時空の湾曲であるという記述は、あらゆる予測のなかでもっとも重要な考えかたを直接導きだした。つまり、宇宙それ自体が運動しているというのだ」アインシュタイン自身がみずからの理論において真意を読み損ねたのは皮肉な出来事であった。

ビッグバン宇宙

宇宙は膨張しているので、ひとつの結論から逃れることはできない。つまり、過去には宇宙はいまより小さかったにちがいないということだ。映画を巻き戻すように、膨張を逆まわしに想像することによって、天文学者は一三七億年前に宇宙のすべてが小さな体積の最小のものに圧縮されていたことを推定した。遠ざかる銀河が教えてくれたのは、宇宙は古いとはいえ、永久に存在していたのではないことだった。時間の始まりがあったのである。たった一三七億年前、すべての物質、エネルギー、空間、時間が巨大な爆発のなかで泉が湧きでるように出現した――ビッグバンである。

宇宙膨張はとても簡単な法則に従うことがはっきりしている。つまり、あらゆる銀河は天の川銀河から、距離に正比例する速さで飛ぶように去っている。だから二倍の距離にある銀河は二倍の速さで遠ざかっており、一〇倍の距離にある銀河は一〇倍の速さで遠ざかっている、等々。この関係は「ハッブルの法則」として知られ、すべての宇宙が膨張するのに、相変わらずどの銀河からも同じに見えるためには、避けられないことが判明している。

レーズンが入っているケーキを想像しよう。もしあなたが小さくなることができたなら、どのレーズン上に置かれても、その眺めはつねに同じだろう。さらに、もしケーキがオーブンに入れられて膨張したり、酵母菌で膨らんだならば、あなたが見るのは他のすべてのレーズンがあなたから遠ざかるだけでなく、あなたからの距離に正比例する速さでレーズンが遠ざかる光景だろう。あなたがどのレーズンに置かれているかはまったく関係がない。眺めはつねに同じだろう（ここでの暗黙の了解事項は大きなケーキなので、あなたはつねに端からは離れたところにいる）。膨張している宇宙の銀河は、膨らんでいるケーキのなかのレーズンのようなものだ。

ここから導かれるのは、すべての銀河が私たちから飛ぶように遠ざかるのを見ているので、宇宙の中心に位置しているとか、ビッグバンは宇宙の裏庭で起きたと想定すべきではないということだ。天の川以外のどの銀河にいても、私たちは同じものを見るだろう――すべての銀河が私たちから逃げているのである。ビッグバンは宇宙のここ、またはあちら、またはある地点で起きたのではない。それはすべての場所で同時に起きた。「宇宙には中心あるいは周縁は存在しない、だが、中心はいたるところにある」と一六世紀の哲学者ジョルダーノ・ブルーノは述べている。

ビッグバンはいささか誤った名称である。それは私たちがよく知っている爆発とはまるでちがう。たとえば、一本のダイナマイトが爆発するとき、それはある特定の場所から外向きに爆発し、破片はあらかじめ存在している空間に向けて飛んでいく。ビッグバンは単一の点では起こらなかったし、そこにはあらかじめ空虚は存在していなかった！　すべてのもの――空間、時間、エネルギー、物質――はビッグバンのなかから生まれでて、いたるところでいっせいに膨張をはじめた。

熱いビッグバン

何かを小さな体積に圧縮するときはいつでも――たとえば、空気をポンプで自転車に入れるとき――熱くなる。したがって、ビッグバンは熱いビッグバンだった。このことに最初に気づいた人は、ウクライナ系アメリカ人の物理学者ジョージ・ガモフだった。ビッグバンの最初のわずかな瞬間が過ぎると、宇宙は核爆発の激しく熱い火の玉を思わせると彼は推論した。*2

しかし、核の火の玉の熱と光は大気中に放散するので、爆発の数時間後、あるいは数日後には、すべてなくなってしまうが、ビッグバンの火の玉の熱と光はそうではなかった。定義によれば、宇宙はすべてそこに存在するものであるから、簡単にいえばどこへも行きどころがない。その代わりに、ビッグバンの「残光」は宇宙のなかに永久に密閉されてしまった。これが意味するのは、今日なお可視光線としてではなく――ビッグバン以来、宇宙の膨張によってずっと冷やされてきたから――マイクロ波、つまり非常に冷たい物体*3という性質をもつ目に見えない形態の光として、そこらじゅうにあるだろうということだ。

このマイクロ波の残光を、今日の宇宙の他の光源と区別することが可能であるとは、ガモフは考えなかった。だが、彼は間違っていた。彼の研究生ラルフ・アルファとロバート・ハーマンが解明したように、ビッグバンの遺産である熱はひときわ目立つ独自の特性を二つもっていた。第一に、それはビッグバンによって生まれ、そしてビッグバンはいたるところで同時に起きたのだから、光は空のどの方向からも均一に来ているはずである。そして、第二に、そのスペクトル――光の明るさが光のエネルギーとともに変わる仕方――は、「黒体」のスペクトルになるだろう。黒体が何であるかを知る必要はなく、ただ黒体のスペクトルは独自の「指紋」であることを知ればいい。

アルファとハーマンは一九四八年にビッグバンの残光の存在――「宇宙マイクロ波背景放射」――を予測したものの、一九六五年までは発見されなかったし、そのときもまったくの偶然からだった。ニュージャージー州のホルムデルにあるベル研究所の若い二人の天文学者アーノ・ペンジアスとロバート・ウィルソンは、このときホーン型をしたマイクロ波のアンテナを使用していた。このアンテナは以前は最初の現代通信衛星である「テルスター」との交信に用いられていたが、二人は空のあらゆる方角から均一に届いている謎のシーッというマイクロ波の「雑音」を拾っていた。何カ月ものあいだ、彼らはこの信号に悩み、これは近くのニューヨーク市からのラジオの雑音、大気中の核実験、さらには鳩がマイクロ波のホーン型アンテナの内部に糞《ふん》を落としたのかもしれないといろいろ考えた。実際には、彼らはハッブルが宇宙の膨張を発見して以来、もっとも重要な天文学上の発見をなし遂げたのである。創造の残光は、私たちの宇宙がかつては熱い、高密度な状態——ビッグバン——で始まり、それ以来、大きくなりつづけ、冷えつづけているという強力な証拠である。

ペンジアスとウィルソンは少なくとも二年間は、その謎の雑音の起源がビッグバンであることを認めようとはしなかった。にもかかわらず、創造の残光の発見により、二人は一九七八年度のノーベル物理学賞を獲得したのである。

宇宙背景放射は、創造のもっとも古い「化石」である。それはビッグバンから私たちに直接来ているもので、約一三七億年前、宇宙の幼年期の状態についての貴重な情報を携えている。宇宙背景は事実上もっとも冷たいものでもある——可能な最低の温度である「絶対零度」を上まわることたった二・七度（摂氏マイナス二七〇度）である。

宇宙背景放射は、実際にこの宇宙のもっとも驚くべき特徴のひとつである。夜空を見上げるとき、そのもっともはっきりした特徴は、大部分が黒であることだ。しかし、もし私たちの目が可視光よりもマイクロ波光に敏感であったならば、見えるものはぜんぜん違っているだろう。黒いどころか、空全体は地平線から地平線にいたるまで、電球の内部のように白いだろう。その出来事から何十億年経過した現在でも、すべての空間はまだビッグバンの火の玉の遺産である熱でそっと輝いている。

事実、なにもない空間の角砂糖の大きさの領域の一つひとつに、宇宙背景放射の三〇〇個の光子を含んでいる。宇宙にあるすべての光子の九九パーセントはこの放射と結びついており、たった一パーセントだけが星の光である。宇宙背景放射はじつに遍在している。もしあなたがテレビ局の放送にチャンネルを合わせるならば、画面上の「砂嵐」の一パーセントはビッグバンの名残の雑音なのだ！

夜の暗さ

宇宙がビッグバンのなかから始まったという事実は、もうひとつの大きな謎を解明する——なぜ夜空は暗いのか。ドイツの天文学者ヨハネス・ケプラーは、一六一〇年にこの謎を初めて解き明かした。

松の木が規則的にどこまでも植えられている森を想像しよう。もしあなたがこの森にまっすぐに駆け込めば、遅かれ早かれ木に突き当たる。同じように、もし宇宙が規則的に間隔をおいて無限に続く星で満たされているとすれば、地球からどの方向を眺めても、あなたの視線は輝く星に行き当たるだろう。これらの星のなかには遠くて微かなものもある。しかし、近い星よりも遠い星のほうがたくさんあるだろう。実際——ここがきわめて重要な点だが——星の数はその微かさをちょうど補うような仕方で増大するだろう。言い換えると、地球からある一定の距離にある星々——二倍の距離にある星、三倍の距離にある星、四倍の距離にある星……それぞれの総計は、まさに同じ量の光をもたらすだろう。したがって、地球に到達している光を全部合計すれば、結果は無限大の量の光になるだろう!

これは明らかに無意味である。星々は点状ではない。星々は小さな円形なのだ。だから、近くの星はより遠くの星の光の一部を妨げる。ちょうど近くの松の木が、もっと遠くにある松の木を妨げるのと同じである。しかし、この影響を考慮に入れたとしても、空全体は星々による「壁紙」が張られ、隙間がないはずだという結論である。夜空は、夜は暗いどころではなく、典型的な星の表面と同じくらいに明るいはずなのだ。典型的な星は「赤色矮星」、つまり消えようとしている燃えさしのように輝いている星である。その結果、真夜中の空は赤い血の色に輝くはずである。なぜそうではないかという謎は、一九世紀のドイツの天文学者ハインリヒ・オルバースによって広く知られるようになり、彼を讃えて「オルバースのパラドックス」と呼ばれている。

オルバースのパラドックスから逃れる道は、宇宙が実際には永遠に存在するものではなく、ビッグバンで誕生したことを理解することである。創造の瞬間以来、遠方の星の光が私たちのもとに届くまでに、わずか一三七億年の時間があっただけだ。そのために、私たちの見ているわずかな星と銀河は、光が届くのに一三七億年以下しかかからない近いものだけである。宇宙の大部分の星と銀河はたいへん遠くにあるので、光は一三七億年よりもかかる。これらの天体から届く光はまだ地球への途中なのだ。

したがって、夜空が暗い主な理由は、宇宙の大部分の天体から来る光がまだ届いていないことだった。人間の歴史が始まって以来、宇宙が始まりをもっていたという事実は、夜空の暗さのなかで真正面から私たちを見つめてきた。私たちはただそれを理解するにはあまりにも愚かだったのである。

もちろん、さらにもう一〇億年待てば、遠く離れているために光がここへ届くのに一四七億年かかる星と銀河も見えるだろう。ここで問いが生じる。もしもっと多数の星と銀河の光が届くときまで、私たちが将来何兆年も生きていれば、夜空は赤くなるだろうか？　答はノーであることが明らかだ。その理由は、ケプラーとオルバースは不正確な仮定――星々は永久に生きている――に基づいているからである。事実、もっとも長く生きた星でさえ、約一〇〇〇億年で燃料を使い果たし、燃え尽きてしまうだろう。これは光が地球に届き、空を赤く染めるはるか以前である。

ダークマター

ビッグバンは圧倒的な説明力をもっている。にもかかわらず、深刻な問題も抱えている。何よりも、私たちの天の川のような銀河がどこから来たのかを理解するのは難しい。

ビッグバンの火の玉は、物質の粒子と光の混合だった。物質は光に影響しただろう。たとえば、もし物質がかたまりに凝固していたならば、これはビッグバンの残光に反映するだろう——それは今日の空全体にわたって均一ではないだろうが、ある場所では他の場所よりも明るくなるだろう。残光が空全体にわたるという事実は、ビッグバンの火の玉の物質が極度になめらかに広がっていったはずだということを意味している。しかし、それは完全になめらかに広がれなかったことを私たちは知っている。結局、今日の宇宙はかたまりが多く、星の銀河や銀河の集団があり、なにもない空間の巨大な空白がそのあいだに広がっている。したがって、ある点では、宇宙の物質は空間を通してなめらかに分布している状態から、かたまりの多い状態に移ったにちがいない。そして、この過程の始まりは、宇宙背景放射のなかに見えなければならないだろう。

たしかに、ビッグバンの残光の明るさのきわめて微かな変異は、NASAの宇宙背景探査衛星COBEによって一九九二年に発見された。これらの「宇宙さざ波」——それに携わった科学者のひとりはもっと具体的にそれらを「神の顔」に譬《たと》えた——は、ビッグバンの約四五万年後、宇宙のある部分が他の部分よりも数千分の一パーセント密度が高かったことを示した。これらのかろうじて認められる物質のかたまり——構造の「種子」——は、なんとか成長して、今日の宇宙で私たちが見る巨大な銀河集団を形成した。だが、問題がある。

物質のかたまりは成長して、重力のためにより大きなかたまりになった。基本的に、もしある領域が隣の領域より少しだけ物質が多ければ、その少し強い重力が隣の領域から少し多くの物質を確実に盗もうとする。ちょうど富めるものがますます富み、貧しいものがますます貧しくなるように、宇宙の密度の高い領域はますます密度が高くなり、最後には今日私たちの周りに見える銀河になる。理論家が気づいた問題は、一三七億年では衛星ＣＯＢＥによって見えた物質の小さなかたまりから、今日の銀河を重力が作りあげるには時間が充分でないことだった。それが可能なのは、たったひとつの方法しかない。目に見える星々に結びつけられている以上に、はるかに多くの物質が宇宙にある場合だけだ。

実際には、失われた物質の強力な証拠があって的を射ていた。私たちの天の川に似た渦巻き銀河は、星々の巨大な渦巻きのように、自分たちの中心の周りをすごい速さでまわっていることが判明している。本来ならば、速くまわしすぎた回転木馬から振り落とされるように、それらの星々は銀河間空間に飛ばされてしまうだろう。世界の天文学者が思いつく驚くべき説明とは、わが天の川に似た銀河は目に見える星々の約一〇倍の物質を実際に含んでいるということである。天文学者は見えない物質を「ダークマター（暗黒物質）」と呼んでいる。それが何であるかはだれも知らない。しかし、ダークマターの余分な重力が星々を軌道に保ち、銀河間空間に飛びだすのを止めている。

もし全体としての宇宙がふつうの物質の一〇倍のダークマターを含んでいるならば、余分の重力は衛星COBEによって観測された物質のかたまりを、宇宙が生まれて以来一三七億年間で今日の銀河集団に変えるのに、ちょうど充分である。ビッグバン理論は救われた。[*4] その代価は大量のダークマターを付け加えたことである。ダークマターが何であるかはだれも知らない――そう、ほとんどだれも知らないのだ。ダグラス・アダムズの『ほとんど無害』の言葉でいえば、「長いあいだ、宇宙のいわゆる『失われた物質』がどこへ行ったかという問題については、たくさんの仮説が出され、論争がなされてきた。銀河全体にわたって、すべての主要な大学の理学部は、遠方にある銀河の中心部を、ついで宇宙全体の中心と周縁そのものを精査し研究するためにより多くの精巧な装置を入手しているが、最終的な観測の結果、それは実際には装置を包んでいた包装材であることが判明したのだ！」。

インフレーション

標準的なビッグバン理論が、物質が銀河にかたまるのに充分な時間を用意していないという事実は、このシナリオが抱えている唯一の問題ではない。もうひとつ、考えようによってはもっと深刻な問題がある。それは宇宙背景放射のなめらかさに関するものだ。

熱が熱い物体から冷たい物体に移るとき、事物は同じ温度になる。たとえば、あなたが冷たい手で熱いお湯の入った瓶に触れたとき、熱は瓶からあなたの手が同じ温度になるまで流れるだろう。宇宙背景放射も基本的にはすべて、同じ温度になる。これが意味するのは、初期の宇宙が大きくなり、温度が他よりもいささか下がるにつれて、温度が等しくなるように熱がつねにより温かい部分から流れ込むことである。

問題が生じるのは、逆まわししている映画のように、宇宙の膨張は反対方向に流れていると想像する場合である。宇宙背景放射が物質と最後の接触をしたとき——ビッグバンの約四五万年後——今日の宇宙の一部は空の反対側にあって、熱が一方から他方に流れるには遠く離れすぎていた。熱が流れる最大の速さは光の速さであり、宇宙が存在しなかった四五万年は断じて充分な長さではない。それでは宇宙背景放射が今日いたるところで、同じ温度であるのはなぜだろうか?

物理学者は途方もない答に到達した。もし初期の宇宙が、逆まわしした映画が暗示するようにはるかに小さければ、熱は宇宙を前に後に流れて温度を均等にできただろう。もし予想以上にたがいにきわめて近づいていれば、熱は熱い領域から冷たい領域へと流れ、温度を均等化するのに充分な時間があるだろう。しかし、もし宇宙がはじめはかなり小さければ、成長に大きなスパートをかけて現在の大きさにしなければならない。

「インフレーション」理論によれば、宇宙は最初の一秒の何分の一にも満たない時間のあいだに驚くほど激しく膨張する「インフレーション」を起こした。膨張に駆りたてたのは、なにもない空間の真空がもつ特異な性質だった。しかし、これはいまでも物理学者には不明瞭である。要点は、この途方もなく速い膨張はすぐに息が切れ、今日見られるようなもっと落ち着いた膨張が続いたことである。通常のビッグバンの膨張をダイナマイト一本分の爆発に譬えるならば、インフレーションは核爆発に譬えられるだろう。「標準的なビッグバン理論は何が爆発したか、なぜ爆発したか、あるいは爆発の前には何が起きたのか、については何もいわない」とインフレーション宇宙論の先駆者アラン・グースは語る。だが、インフレーションは少なくとも、このような問いを発する試みだ。

インフレーション理論にダークマターを付け加えると、ビッグバンのシナリオを救うことができる。事実、今日の天文学者がビッグバンについて語るとき、しばしばビッグバンにインフレーションを加え、ダークマターを加えることを意味していることが多い。しかし、インフレーションとダークマターは、ビッグバンほどには充分な根拠がある考えかたではない。疑いの余地もなく、宇宙は密度の高い熱い状態で始まり、それ以来、膨張し、冷却しつづけている——これがビッグバンのシナリオだ。インフレーションが起きたことは、依然として不確実であり、だれもまだダークマターの正体を見破っていないのである。

インフレーション理論がもたらすもののひとつは、今日の宇宙の銀河のような構造の起源について、可能な説明を提供することである。このような構造が形成されるには、非常に初期の段階で宇宙にはある種の不均衡がなければならない。原初的な荒っぽさはいわゆる量子ゆらぎによって引き起こされたのかもしれない。基本的には、ミクロ物理学の法則は極端に小さな領域の空間と物質を、鍋のなかで沸騰している水のように休みなく飛び跳ねさせる。物質の密度のこのようなゆらぎは微小なものだ——今日の原子に比べてさえ小さい。しかし、インフレーションによって引き起こされた空間の驚くべき膨張は、実際には、それらを強化し、注目すべき大きさにまで膨らませただろう。奇妙なことだが、今日の宇宙の最大の構造——巨大な銀河集団——は原子より小さな「種子」によって生まれたかもしれないのだ！

しかし、インフレーション理論は宇宙についてあることを予測するのだが、それは事実に合致していそうに見えない。目下のところ、宇宙は膨張している。しかし、宇宙のすべての物質の重力は、膨張にブレーキを掛けるように作用している。そこには主に二つの可能性がある。ひとつは、宇宙は最終的には膨張を遅くして逆転させるのに充分な物質を含んでおり、宇宙が生まれたときのビッグバンの一種の鏡像のように、ビッグクランチ（宇宙大収縮）に戻って崩壊を引き起こすことである。もうひとつは、宇宙は不充分な物質しか含んでいないため、永久に膨張しつづけるというものである。インフレーションは、宇宙はこれら二つの可能性のあいだで、ナイフの刃の上で釣りあいを保っていると予測する。それは引き続き膨張するだろうが、たえず速度を落としていき、いずれ無限の未来には最終的に力が尽きるだろう。これが起こるには、宇宙は「臨界質量」と呼ばれるものをもっていなければならない。問題は、宇宙にあるすべての物質——見える物質とダークマター——を足しあわせても、臨界質量の約三分の一にしかならないことである。インフレーションはどうやら見込みがなさそうに見える。そして、そのように見えたのだ——一九九八年に世間を騒がせる発見がなされるまでは。

ダークエネルギー

二つのチームが遠くの銀河にある「超新星」——爆発している星——を観測していた。ひとつはアメリカのソール・パールマターのチームで、もうひとつはオーストラリアのニック・サンゼフとブライアン・シュミットのチームだった。超新星は爆発している星で、しばしばそれらの親銀河よりも明るく輝くので、宇宙のきわめて遠方からも眺めることができる。天文学者による二組のチームが眺めていたのは「Ia型」と呼ばれる超新星だった。それらは爆発するとき、つねに同じ最大光度で光る性質をもっていた。だから、あなたが見ている星が他の星よりも光が微かであれば、それはより遠くにあることがわかる。

しかし、天文学者たちが見たのは、地球からの距離を考慮に入れても、あるべき微かさよりもさらに遠く離れた微かさの銀河だった。彼らが見ているものを説明する唯一の方法は、星々が爆発して以来、宇宙の膨張が速さを増し、それらの銀河を予想よりも遠くへ押しやり、もっと微かに見せているということだった。

それは科学界に落とされた爆弾だった。銀河に影響している唯一の力は相互の重力であるはずだ。それは膨張にブレーキをかけているはずのものであり、速さを増すものではない。

事物を加速できる唯一のものは、空間それ自体だった。あらゆる予想に反して、それは空っぽではありえない。宇宙空間には科学には未知のなんらかの種類の不気味な物質――「ダークエネルギー」――が含まれており、それが一種の宇宙斥力をはたらかせて重力に逆らいながら、銀河を切り放しているにちがいないのである。

物理学者はダークエネルギーを理解することになると、まったく途方に暮れてしまう。彼らの最善の理論――量子力学――は、パールマターが観測したものよりも一にゼロが一二三個続くものより大きななにもない空間に結びついたエネルギーを予測する！　ノーベル賞受賞者スティーヴン・ワインバーグはこのことを「科学の歴史上、桁数の推定の最悪の誤りだ」と述べている。

この困惑にもかかわらず、ダークエネルギーは少なくともひとつ、望ましい結果をもっている。インフレーションは宇宙が「臨界質量」をもつことを要求しているが、宇宙のすべての物質を寄せ集めても臨界質量の三分の一にしかならないことを思い出してほしい。アインシュタインが発見したように、あらゆる形態のエネルギーは有効質量をもっている。それにはダークエネルギーも含まれている。実際、それは臨界質量の約三分の二を説明することがわかっているので、宇宙はぴったりの臨界質量をもっている――これこそ、まさにインフレーションによって予測されているものだ。

だれもダークエネルギーの正体を知らないが、ひとつの可能性はそれがアインシュタインの提案したなにもない空間の斥力に結びついていることである。科学では、すべての事象がアインシュタインで始まり、終わるらしいのだ。彼の最大の誤りでさえ、彼の最大の成功と判明するかもしれない。

しかし、強調する価値があるのは、あらゆる成功を収めたビッグバンは、依然として基本的には、私たちの宇宙が超高密度、超高温の状態から、銀河と星々と惑星をもった現在の状態までどのようにして発展したかの記述である。すべてがどのように始まったかは、依然として謎に包まれている。

特異点とその彼方

宇宙の膨張が逆まわしした映画のように反対方向に進行することを想像しよう。宇宙が小さな点へと収縮するにつれて、物質内容はこれまで以上に圧縮され、これまで以上に熱くなる。事実、この過程には限界はない。宇宙が膨張を始めた瞬間——その誕生の瞬間——に、それは無限大の密度と無限大の熱さをもっていた。物理学者は何かが無限大へと急上昇するとき、その点を「特異点」と呼ぶ。したがって、標準的なビッグバン理論によれば、宇宙は特異点で生まれたのである。

アインシュタインの重力理論が特異点を予測するもうひとつの場所は、ブラックホールの核心である。この場合、破滅的に縮んでいく星の物質は、結局はゼロ体積に圧縮されるようになり、したがって無限の密度と無限の温度をもつようになる。かつて、だれかが言ったように「ブラックホールは神がゼロで割った場所なのだ[*5]」。

特異点は意味がない。このように怪物のような実体が物理理論に突然現れるとき、それは理論——この場合にはアインシュタインの重力理論——に欠陥があることを私たちに告げている。私たちは重力理論を世界についてなにか分別のあることを言う領域を超えて拡大解釈しているのである。これは驚くことではない。一般相対論は非常に大きなものの理論である。しかし、最初期の段階では、宇宙は原子よりも小さかった。そして原子の領域をあつかう理論は量子論である。

通常、二〇世紀物理学に高く聳《そび》えたつ二つの記念碑に重なりはない。しかし、ブラックホールの核心と宇宙の誕生では論争がある。もし宇宙がどのようにして存在するようになったかを理解したいのなら、アインシュタインの重力理論よりもすぐれた現実的な説明を手に入れる必要があるだろう。私たちには「量子」重力論が必要なのである。

このような理論を見つける仕事は、一般相対論と量子論とが基本的に両立しないために大変困難である。一般相対論は、それ以前のあらゆる物理理論のように、未来を予測するための方法である。もし、いまここに惑星があれば、この経路を通って、一日のうちにそこまで行き着くだろう。こうしたことすべては一〇〇パーセント確実に予測可能である。しかし、量子論は確率を予測する方法である。もし原子が空間を飛んでいたら、私たちに予測できるのは最終的な位置、そのたどりうる経路だけである。それゆえ、量子論は一般相対論の礎石そのものを揺るがしてしまう。

現在、物理学者はいくつかの方向から、とらえにくい重力の量子論を発見しようと試みている。疑いもなく、もっとも一般的におこなわれているのは「超ひも理論」である。そこでは物質を基本的に組み立てているのは、点状の粒子ではなく、極細の「ひも」である。ひも――極度に集中した質量－エネルギー――は、ちょうどバイオリンの弦のように振動することができ、電子や光子といった基礎的な粒子に対応する、それぞれ異なる振動「姿態」をもっている。

ひも理論家を興奮させるのは、ある形態の重力は――必ずしも一般相対論ではないが――自動的にひも理論に含まれることである。ひとついささか厄介なのは、ひも理論のひもは十次元の世界で振動していることである。それは私たちには小さすぎて気がつかない付加された空間の六つの次元が存在する必要があることを意味する。もうひとつの問題は、ひも理論にはすさまじく複雑な数学が絡んでいるので、実在と突き比べて検証できる予測がこれまではおこなえていないことである。

　重力の量子論が確立するまでに、私たちがどこまで来ているのか、だれも知らない。しかし、それがなければ、宇宙の始まりに戻るという念願の最終段階まで行き着く望みはない。だが、途中で経なければならないいくつかの道は、明らかである。

　宇宙の膨張を逆まわしにして、ふたたび考えてみよう。最初は、宇宙はすべての方向で同じ割合で縮むだろう。これは宇宙がすべての方向でほとんど同じであるためである。しかし、ほとんど同じは、厳密に同じと同じではない。疑いなく、ある方向では他の方向に比べてわずかに銀河が多いだろう。収縮の初期段階では、この不均衡による顕著な影響はないだろう。しかしながら、宇宙が収縮してゼロ体積になるにつれて、このような物質の不規則性はかつてないほど拡大されるだろう。そこで宇宙がゼロ体積に縮むとき、崩壊の最終段階は激しくカオス的になるだろう。重力——湾曲した時空——は、落下している物体が接近する特異点の方向次第で激しく変わるだろう。

特異点に非常に近いところでは、湾曲した時空はたいへん激しくカオス的になるので、空間と時間は実際には粉々になり、無数の小さい飛沫《ひまつ》に分裂する。「前」と「後」のような概念は、いまや意味をすっかり失ってしまう。「距離」と「方向」のような概念もそうである。前方には透過できない霧があって視界を妨げている。それは量子重力という謎の領域を覆い隠し、そこには道案内をつとめる理論はまだなにもない。

だが、深い霧のなかに潜んでいるのは、科学者におけるもっとも解明が望まれる問いへの答である。宇宙はどこから来たのか？　なぜ一三七億年前に突然ビッグバンのなかから現れたのか？　何かがあるとしたら、ビッグバンの前には何が存在したのか？

強く望むのは、最終的には、非常に小さいものの理論と非常に大きいものの理論がどうにかして組みあわされるとき、これらの問いに対する答を見つけたいということだ。そのとき私たちは、究極の問いに面と向かうことができるだろう――無から何かが生まれることがどうしてできたのだろうか？　「手に石をもってみれば充分だ」と『ソフィーの世界』でヨースタイン・ゴルデルは書いている。「もしオレンジと同じ大きさの一個の石だけからできていたとしても、宇宙は同様に理解不能だっただろう。問いがまさしく不可解なのだ――この石はどこから来たのか？」

＊1　ジョージ・ガモフ著『わが世界線』（白揚社、一九七一年）参照。この本で著者はアインシュタインについて書いている。「彼は［私に］宇宙項の序文はわが生涯で冒した最大の過ちだと述べた」

＊2　ビッグバンは、イギリスの天文学者フレッド・ホイルが一九四九年にBBCのラジオ番組で名付けたものである。たいへん皮肉なことに、ホイルは死ぬまでビッグバンをけっして信じなかった。

＊3　これと「マグネトロン」である。これはマイクロ波オーブンとレーダー送信機に電力を供給する。

＊4　実際には、ふつうの物質の六、七倍のダークマターが存在すると考えられている。これは星々の約半分だけがふつうの物質であるからだ。残りは銀河のあいだのぼんやりとした気体状の雲であるかもしれないし、まだわかっていない。

＊5　実際には、ブラックホールの核心にあるものとビッグバンにあるものでは、特異点に微妙な違いがある。前者は時間の特異点であり、後者は空間の特異点である。

謝辞

本書を執筆中に、私を直接助けてくれたり、触発してくれたり、単に激励してくれた下記の人々に感謝する。私の父、カレン、サラ・メングー、ジェフリー・ロビンズ、ニール・ベルトン、ヘンリー・ヴォランズ、レイチェル・マーカス、モーゼス・カードナ、ブライアン・クレッグ、トニー・ヘイ教授、ケイト・オールドフィールド、ヴィヴィアン・ジェイムズ、ブライアン・メイ、ブルース・バセット博士、ラリー・シュルマン博士、ヴォイチェフ・ズレック博士、マーティン・リーズ卿、アリソン・チャウン、コリン・ウェルマン、ロージーとティム・チャウン、パトリック・オハロラン、ジュリーとデイヴ・マイヤーズ、スティーヴン・ヘッジズ、スー・オマリー、サラ・トパリアン、デイヴィッド・ドイチュ博士、アレグザンドラ・フィーチャム、ニック・メイフュー＝スミス、エリザベス・ギーク、アル・ジョーンズ、デイヴィッド・ホウ、フレッド・バーナム、パム・ヤング、ロイ・ペリー、ヘイゼル・ミュラー、スチュアートとニッキ・クラーク、サイモン・イングズ、バリー・フォックス、スペンサー・ブライト、カレン・ガネル、ジョー・ガネル、パットとブライアン・チルヴァー、ステラ・バーロウ、シルヴァーノ・メイゾン、バーバラ・ペルとデイヴィッド、ジュリア・ベイトソン、アン・ウルセル、バーバラ・カイサー、ドッティ・フレドリ、ジョン・ホーランド、マーティン・ドラード、シルヴィアとサラ・ケファルー、マチルダとデニスとアマンダとアンドルー・バックリー、ダイアンとピーターとシアランとルーシー・トムリン、エリック・ゴーレイ、ポール・ブランドフォード。言うまでもないことだが、すべての誤りについての責任は私にある。

訳者あとがき

本書は、マーカス・チャウン著 *Quantum Theory Cannot Hurt You—A Guide to the Universe* (faber and faber)の全訳である。アメリカ版の原題は *The Quantum Zoo—A Tourist's Guide to the Neverending Universe* (Joseph Henry Press)。後から刊行されたイギリス版を底本とした。

著者のマーカス・チャウンは、一九五九年イギリス生まれ。ロンドン大学で物理学を学び、カリフォルニア工科大学で電波天文学の修士課程を修了した。現在は科学週刊誌「ニュー・サイエンティスト」で宇宙論に関する顧問をしている。最初の著書『宇宙誕生』は、スティーヴン・ホーキング著『ホーキング、宇宙を語る』以来、最も読まれたポピュラーサイエンスの本である。

内容については、イギリスを代表する科学ジャーナリストたちが、彼の著書に寄せた讃辞を見れば、一目瞭然だろう。マット・リドレーは「私たちの時代の宇宙論を語る最高の科学ジャーナリスト」と評し、『フェルマーの最終定理』の著書で知られるサイモン・シンは「知的で、面白く、読みやすいのに加えて、薄いのだ、『戦争と平和』よりも」と、冗談混じりに楽しさを保証している。

本書では、世界を「小さなものの世界」と「大きなものの世界」の二つに分けて考える。小さいほうは、肉眼では見えないほど小さな量子の世界であり、大きいほうは、夜空の星々のはるか遠方に広がる宇宙の世界である。

そして、チャウンは、量子論を通して宇宙を解説しようと試みる。そのとき、量子論の創始者のひとりとして名を連ねるのが、アルベルト・アインシュタインである。アインシュタインは一般的には相対性理論の創始者として知られているが、じつはノーベル物理学賞を受賞したのは光子の研究である。つまり、光は微小な粒子の流れであるという「光電効果」に対して、ノーベル賞は授与されたのだ。これは光が量子として伝わる現象についての研究なので、本書では「小さなものの世界」に属するのである。

小さなものの世界、すなわち量子の世界の特徴のひとつは「重ねあわせ」である。それをうまく利用すると、現在、世界最速のスーパーコンピュータよりもさらに強力な量子コンピュータができ、それを拡大すれば多宇宙《マルティヴァース》の世界である。また、「絡みあい」の現象を利用すれば、『スター・トレック』に登場する量子テレポテーションが可能になる。このように摩訶不思議で予測不能なふるまいをする量子世界は、可能性に満ちている。

一方、大きなものの世界、すなわち宇宙においては、アインシュタインの相対性理論が支配している。それによれば、光の速度こそが絶対不変であり、速度の増加に伴って時間は遅くなり、空間は収縮すると言われているが、今年の九月二三日、驚くべきニュースが飛び込んできた。スイスにある欧州合同原子力研究機構（ＣＥＲＮ）で実施された「ＯＰＥＲＡ実験」で、素粒子ニュートリノの速度が光よりも速いことを観測したという。一九〇五年以来、通用してきた相対性理論の原理が、もしかすると覆るかもしれない。このような実験結果は、いずれにせよ未知の部分が多かった宇宙論が、急速に発展しつつあることを物語っている。

本書のイギリス版の原題は、直訳すると「量子論はあなたを傷つけたりしない」という意味である。量子論と宇宙論を要領よくまとめて解説しているので、題名通り、怖れることなく楽しんでいただきたい。

二〇一一年一一月

林　一

図版作成／design Seeds

編集協力／綜合社

マーカス・チャウン

一九五九年生まれ。ロンドン大学で物理学を学んだ後、カリフォルニア工科大学で電波天文学の修士号を取得。現在は「ニュー・サイエンティスト」誌の宇宙論顧問。著書に『宇宙誕生』『僕らは星のかけら』『奇想、宇宙をゆく』ほか多数。

林 一（はやし はじめ）

一九三三年生まれ。昭和薬科大学名誉教授。訳書にホーキング『ホーキング、宇宙を語る』、グリーン『エレガントな宇宙』（共訳）ほか多数。

集英社新書〇六二二G

量子論《りょうしろん》で宇宙《うちゅう》がわかる

二〇一一年一二月二一日 第一刷発行
二〇一二年一一月 六 日 第二刷発行

著者……マーカス・チャウン 訳者……林《はやし》 一《はじめ》
発行者……加藤 潤
発行所……株式会社集英社
東京都千代田区一ツ橋二-五-一〇 郵便番号一〇一-八〇五〇
電話 〇三-三二三〇-六三九一（編集部）
〇三-三二三〇-六三九三（販売部）
〇三-三二三〇-六〇八〇（読者係）

装幀……原 研哉
印刷所……凸版印刷株式会社
製本所……加藤製本株式会社

定価はカバーに表示してあります。

 ISBN 978-4-08-720622-7 C0242

Printed in Japan

a pilot of wisdom

a pilot of wisdom

集英社新書　好評既刊

実存と構造
三田誠広　0610-C
サルトル、カミュ、大江健三郎、中上健次などの具体例を示しつつ、現代日本人に生きるヒントを呈示する。

素晴らしき哉、フランク・キャプラ
井上篤夫　0611-F
今も映画人から敬愛される巨匠キャプラの功績を貴重な資料、証言で再評価。山田洋次監督の特別談話も掲載。

文化のための追及権
小川明子　0612-A
日本ではほとんど語られたことがなかった「追及権」。欧州では常識である著作権の保護システムを解説。

電力と国家
佐高　信　0613-B
かつて電力会社には企業の社会的責任を果たすために闘う経営者がいた！「民vs.官」の死闘の歴史を検証。

空《くう》の智慧、科学のこころ
ダライ・ラマ十四世／茂木健一郎　0614-C
仏教と科学の関係、人間の幸福とは何かを語り合う。『般若心経』の教えを日常に生かす法王の解説も収録。

小さな「悟り」を積み重ねる
アルボムッレ・スマナサーラ　0615-C
この不確かな時代に私たちが抱く「迷い」は尽きることがない。今よりずっと「ラク」に生きる方法を伝授。

発達障害の子どもを理解する
小西行郎　0616-I
近年、発達障害の子どもが急増しているが、それはなぜか。赤ちゃん学の第一人者が最新知見から検証。

愛国と憂国と売国
鈴木邦男　0617-B
未曾有の国難に、われわれが闘うべき、真の敵は誰か。今、日本人に伝えたい想いのすべてを綴った一冊。

巨大災害の世紀を生き抜く
広瀬弘忠　0618-E
今までの常識はもう通用しない。複合災害から逃げ切るための行動指針を災害心理学の第一人者が検証する。

事実婚　新しい愛の形
渡辺淳一　0619-B
婚姻届を出さない結婚の形「事実婚」にスポットを当て、現代日本の愛と幸せを問い直す。著者初の新書。